# 人人都學得會的

# App 2
# Inventor
# 初學入門 中文介面

贊贊小屋 / 著

◎本書的專案檔及素材檔，請掃描作者簡介下方的 QR 碼下載

# App Inventor 就像程式設計版的《少林足球》

　　如今智慧型手機包辦了生活中大小事，每款 APP 都可以幫你做某些事，打開 Android 手機的 Google Play 商店，各種分門別類的 APP 琳瑯滿目，當你想搜尋某一功能的 APP 時，常常要下載幾個試用，但卻很有可能發現：這個不是我要的、那個廣告一直跳出來、功能太多太雜……其實，你只要簡單做一件事就能解決所有問題。

　　有沒有想過，為自己量身打造一款手機 APP ？

　　也許你會覺得設計 APP 離你太遙遠了，但如果你用過 Google 產品，就能體會 Google 一向擅長於讓複雜的東西變簡單，而 App Inventor 正是由 Google 主導開發，目前由 MIT 麻省理工學院維護，以圖形化介面的操作方式，致力於讓一般人也可以輕鬆設計手機 APP 的應用。

　　這本書由淺入深，要帶領從來沒有程式設計經驗的讀者，從零開始，利用 App Inventor 創造出一款可以實際運用的 APP。

　　全書分成兩大單元，第一單元為「App Inventor 基礎介紹」，以打電話、聽音樂、上網等一般手機基本功能為例，讓讀者熟悉設計介面，透過書中的步驟指引，建立 APP 外觀及執行流程，同時也可以建立個人化的設置。第二單元將重點放在「資料處理」，由於所有的程式設計都會涉及如何輸入、取得、呈現資料，本書會介紹如何引用雲端檔案進一步擴大程式設計的可能性，包括 Dropbox 的 TXT 文字檔、Excel 匯入 Google 試算表、將手機輸入資訊傳送到 Google 表單等，同樣會以日常生活中會使用到的 APP 類型作為範例。

雖然 App Inventor 是容易上手的圖形化介面，實際操作會發現，它已經能設計執行相當豐富多元的手機應用，而且在諸如對象、變數、迴圈、判斷等思維架構，其實和一般通用的程式語言是共通的。在如今資訊科技普及的大 AI 時代，電腦程式設計已經可以被當作是基本教育學科了，即使你完全沒有任何相關經驗，無論你是基於什麼原因想接觸手機 APP 設計，或者只是單純想瞭解這方面的知識，相信 App Inventor 是個很好的起點，而這本書將會帶領你走入這個目前最熱門的領域。

周星馳電影《少林足球》的結尾，人人都學會了一些基本武功，可以避免跌倒、輕鬆停車、修剪花草植物等，涵蓋生活與工作面向的用途。使用這本書，你也能為自己的需求量身打造一款手機 APP。

這本書的出版要感謝很多人。財經傳訊編輯長方宗廉因為擔任工程師的兄長方宗岱，進而認識了 App Inventor 這款好用又強大的 APP 開發軟體，並向我提議可以出版這麼一本有意義的書籍，我們幾番討論後確定本書主題架構，初稿完成後，承蒙編輯文慧耐心仔細幫忙校閱，最後這本書得以定稿出版，由衷感謝！

 目錄

## PART 2　App Inventor 雲端資料處理

# App Inventor
# 基礎介紹

# Chapter 1 | 進入 App Inventor 的世界

▼ **你將學會**

· 登錄 App Inventor 程式編寫網頁
· 建立 APP 設計專案並添加元件
· 閱讀 App Inventor 支援中心說明文件
· 認識畫面編排介面與常用元件
· 修改元件文字屬性及上傳圖片
· 進入程式設計介面,設計按下圖片即播放音效
· 導出 .apk 檔案,於手機同步模擬測試程式

## 1-1 登錄 App Inventor 與建構開發環境

提到程式設計,可能會想到一整頁密密麻麻、不容易理解的代碼文字,類似 Windows 尚未圖像化之前,純粹以文字執行指令的微軟 DOS 系統。不過,如同 Google 重新定義了搜尋引擎、Gmail 重新定義了電子信箱,源自於 Google 實驗室的 App Inventor 也重新定義了程式設計:直接於網頁上設計程式,並且盡可能以圖像化方式進行。

因此,作為手機 APP 編寫程式的 App Inventor,可以把它理解為類似微軟從 DOS 到 Windows、再到 Win10 的演化歷程,一系列開發程式發展到本書的主角 App Inventor,出發點都是為了設計出更親切的使用者介面。在本書的開始,先跟各位分享如何在瀏覽器登錄 App Inventor,那麼就立即開始體驗吧!

首先，前往官方首頁：http://appinventor.mit.edu〈圖 1-1-1〉，進入後，點選左上角寫著橘色的「Create APPs!」按鈕。

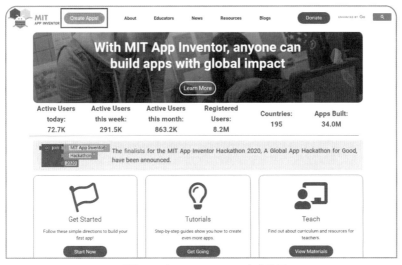

〈圖 1-1-1〉：App Inventor 官方首頁

App Inventor 的主要訴求點，就是讓所有人都可以自行設計手機 APP，而它的最大優勢，就是以視覺化的程式語言做為架構，因此，對於程式代碼望而卻步的人，或是對於程式開發零基礎的人而言，減少了許多技術上的困難，只要透過程式方塊的組合，就可以設計出專屬自己的 Android APP。

而建立 App Inventor 的開發環境前，請事先申請一個 Google 帳號。由於 Android 為 Google 專門為手機所開發的作業系統，App Inventor 一開始也是由 Google Lab 所領導的計劃專案，所以必須要有 Google 帳號才能開始使用。已經有 Google 帳號者，可以直接跳過申請步驟，直接登入〈圖 1-1-2〉；尚未註冊過 Google 帳號的讀者，請註冊後再登入。

〈圖 1-1-2〉：使用 Google 帳戶登入

進入到官方頁面後，在正式進入程式之前，會彈出一個服務條款，瀏覽後，直接選擇條款最下方的灰色按鈕「I accept the terms of service!」即可〈圖 1-1-3〉。

〈圖 1-1-3〉：閱讀服務條款後，點選最下方的：「I accept the terms of service!」

接下來會看到彈出的歡迎視窗〈圖 1-1-4〉，最下方一行文字為「Set up and connect an Android device.」，意思是可以連結到 Android 手機，模擬測試 APP 上線後的狀況，在 1-5 小節會有更詳細的說明。

〈圖 1-1-4〉：跳出歡迎視窗

　　進入設計主頁面之前，還會跳出一個可以讓你進行教學流程的視窗，讀者可以依需求點選了解，或者直接點選右下方的灰色按鈕「Close」即可〈圖1-1-5〉。

〈圖 1-1-5〉：教學流程視窗

　　終於進入 App Inventor 的專案操作頁面，到目前為止皆為英語介面，如果閱讀過網頁上的介紹，可看到開發團隊期許這款應用能面向全世界，因此也把這一點體現在可調整的語言環境。那麼，首先點選右上角的「English」語言欄位，接著點選「繁體中文」〈圖 1-1-6〉。

〈圖 1-1-6〉：點選右上角，可修改成繁體中文介面

介面瞬間中文化了，現在開始進行程式設計的暖身運動。〈圖 1-1-7〉

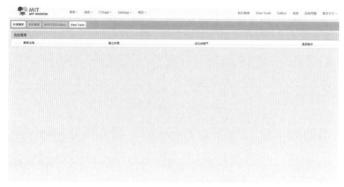

〈圖 1-1-7〉：介面轉為繁體中文

補充一點，若於上個步驟點選右上方工具列中的「指南」，將會跳轉到官方支援中心網頁：http://appinventor.mit.edu/explore/library〈圖 1-1-8〉，許多問題都可以在這裡找到參考文件與解決方法，只可惜是英語網頁，不能像程式設計介面一樣輕鬆改變語言。

〈圖 1-1-8〉：官方支援中心頁面

自從 2010 年由 Google 實驗室（Google Lab）開發、2012 年移交麻省理工學院（MIT）維護公佈使用以來，App Inventor 已經盛行於全球各主要國家與地區，台灣也有正式教育推廣夥伴（見 App Inventor TW 中文學習網：http://www.appinventor.tw/），有許多相關資源可供參考。不過畢竟 App Inventor 原生語言為英文環境，目前也是由美國大學學術單位營運，所以如果想獲得第一手或是更完整的資料，建議仍然以英語官方網頁為主。

# 1-2 認識常用基本元件

搭配專案檔：ZanzanZoo

程式語言粗分為兩種：一種為機器語言，以最純粹的 0 和 1 與電腦計算機溝通、傳達指令，另外一種為組合語言或者低階／高階語言，高階語言是後來發展出來接近人類的自然語言，用簡單易懂的英文單字語法，寫出一篇機器能夠讀懂、知道該做什麼的「文章」。

回到語言溝通的本質，通常英文語法第一個重點是主詞，一開始最基本是要確定說話對象為何，而在程式的自然語言裡，一開始同樣要確定的也是「主詞」，亦即程式術語所謂的「物件」，有時會聽到所謂「物件導向」的程式語言，原理就和英文文法一樣，主詞大多是每一句英文的第一個單字，而在程式裡的主詞即為物件，也就是我們所要操作的對象。在這一節跟各位介紹在 App Inventor 裡面最核心、最基本的主詞：物件（Components，也稱作「元件」）。

從 App Inventor 首頁中可以看到，其作用主要為維護「我的專案」，以手機 APP 程式設計來說，一個專案就是指一個 APP。現在，請點選視窗左上方的「新增專案」，來開發您的第一個 APP〈圖 1-2-1〉。

---

### BOX

**為什麼程式設計師的英文能力也很重要？**

程式語言本身也是一種語言，況且所有程式都是以英語原生設計的，因此學習程式必須有基本的英語概念，既然開發者是以英語開發程式，原始思維就是英語的語言邏輯，因此在書中幾個部分，我會以非常簡單的英文文法方式來解析程式語言，相信也會讓讀者比較容易進入狀況。

〈圖 1-2-1〉：點選視窗左上方的新增專案，來開發您的第一個專案

　　於「新增專案」視窗中維護「專案名稱」。例如將名稱設定為「Zanzan」，然後按下「確定」〈圖 1-2-2〉。注意到專案名稱必須以英文字母作為開頭，而且僅限於使用阿拉伯數字、英文字母和底線。

### 新增專案...

專案名稱：　　　Zanzan

取消　　　　　　確定

〈圖 1-2-2〉：新增專案

## ▌ 畫面編排

終於進入畫面編排的主頁面，其由四個面板所組成，分別是「❶ 元件面板」、「❷ 工作面板」、「❸ 元件清單」、還有「❹ 元件屬性」。四個面板裡面有三個與元件相關，而另外一個工作面板，其實也就是由元件所組成的，由此可見何謂「以元件（物件）作為導向」的程式設計〈圖 1-2-3〉。

〈圖 1-2-3〉：程式設計的主頁面

:::: **Memo** ::::::::::::::::::::::::::::::::::::::::::::::::::::

❶ **元件面板**：包含最基本的按鈕、文字方塊，甚至是手機定位感測器等所有常用的元件，只要利用拖曳的方式，就可以呼叫這些元件。

❷ **工作面板**：在編輯區（Screen）中，可以把開發元件直接拖曳到模擬的手機視窗。

❸ **元件清單**：在這個區塊會顯示目前專案中使用的所有元件及其結構關係。在此區中也能對每一元件重新命名或刪除。

❹ **元件屬性**：在這個區塊會針對點選的元件，列出它所有能調動的屬性，並且進行屬性設定。

　　於「元件面板」的「使用者介面」裡,將「按鈕1」以滑鼠左鍵按住,然後將它拖曳到右邊「工作面板」的「❺Screen1」裡面。如此簡單一個動作,已經在這個新專案「Zanzan」中新建了一個手機觸控的「❻按鈕」〈圖1-2-4〉。

〈圖 1-2-4〉: 於「Screen1」新增一個按鈕

:::: **Memo** :::::::::::::::::::::::::::::::::::::::::::::::::::::

❺ **螢幕(Screen)元件**

　　當我們開啟新專案,這時就會自動建立一個「Screen1」元件來作為手機畫面排版時使用的工作視窗,如果需要新增畫面,則可以利用上方的「新增螢幕」按鈕來進行即可。

❻ **按鈕(Button)元件**

　　主要用來觸發事件,當我們按下按鈕時,就能執行某些動作。

.................................................................

　　除了「按鈕」之外,還有其他很多的元件,例如「❼標籤」。每個元件在右邊都有一個相對應的問號圖標,將游標移到問號上面,會有關於這個元件的簡短說明,左下角還有一個「更多訊息」〈圖1-2-5〉。

〈圖 1-2-5〉：點選標籤

**❼ 標籤：標籤（Label）元件**

　　主要功能為顯示文字，使用時不僅可以輸入文字，且能把輸入的文字儲存在 Text 屬性裡。

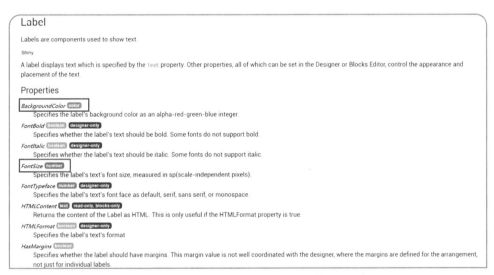

〈圖 1-2-6〉：官方支援中心頁面 - 標籤屬性（Label）

　　同一頁面，我們來看看最上方的內容，此文件標題為「User Interface Components（使用者介面）」，目錄（Table of Cotents）則是列出使用者介面的元件清單〈圖 1-2-7〉，各個清單都可以超連結到像上個步驟的詳細介紹。

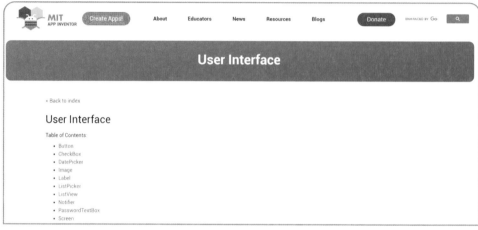

〈圖 1-2-7〉：使用者介面元件清單

---

🧩 BOX

**1.** 雖然 App Inventor 原始支援文件為英文，但難度並不高，對於大部份程式愛好者應該不會造成太大障礙，換個角度想，利用這機會溫習英文也不錯，況且如同許多程式一樣，App Inventor 是面向全世界的語言，共享資源當然也是英文。

**2.** 學習程式的過程並不是像背誦百科全書般，而是從實際操作中學習、遇到問題就找出答案，至少 App Inventor 官方提供相當完整的使用說明書，只要瞭解其「文法」便能按圖索驥。反過來看微軟的 Office，它在 Excel 函數方面提供了很完整的支援文件，但是在 VBA 方面卻是付之闕如，同樣是學習程式，VBA 的難度會高於 App Inventor，因此應該珍惜、善加利用 App Inventor 線上資源。

## ► **1-3** 設定元件屬性

以類似英文文法的概念學習程式語言，也許會比較容易進入狀況，從國中國小開始學的英語，我們都知道在英文文法裡面有幾大類句型，其中最根本句型為「主詞＋動詞」，又分為「主詞＋be動詞＋形容詞」以及「主詞＋一般動詞」。上一節跟大家介紹了元件（主詞）之後，這一節緊接著跟各位介紹屬性（形容詞），也就是「主詞＋be動詞＋形容詞」的程式句型。

在 App Inventor 主頁面的右半部，是「元件清單」和「元件屬性」〈圖 1-3-1〉，點選「元件清單」上的任一項目，例如「標籤1」時，在「元件屬性」就會列出該元件目前的屬性欄位和屬性值，可以很清楚的設定各屬性值，比如我把「文字」改為「贊贊小屋」。

〈圖 1-3-1〉：將「標籤1」的元件屬性「文字」修改成「贊贊小屋」

上個步驟設定好標籤元件的屬性文字之後，在「工作面板」馬上就能看到標籤顯示為「贊贊小屋」。而在「元件清單」下方，有兩個圖形指令方塊：「重新命名」和「刪除」，在此即以元件作為對象操作維護，例如將「標籤1」改名為「贊贊小屋標籤1」。〈圖 1-3-2〉

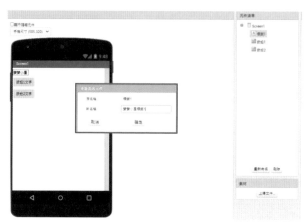

〈圖 1-3-2〉：將「標籤1」文字修改成「贊贊小屋標籤1」

在「元件清單」下方還有個「素材」，這裡能上傳影像、聲音等多媒體文件，以便於 APP 引用。例如點擊「上傳文件」，於「上傳檔案」視窗中再點擊「選擇檔案」，開始電腦裡下載好的「zanzancat1」JPG 檔案，並於上傳之後按下「確定」〈圖 1-3-3〉。

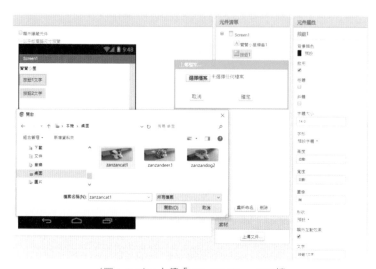

〈圖 1-3-3〉：上傳「zanzancat1」JPG 檔

本書各章的專案練習檔案、素材檔案，都可以透過掃描本書前折口的作者簡介下方的 QR Code 下載，上個步驟完成後，「素材」區裡就多了一項「zanzancat1.jpg」，表示目前的專案可以引用這張照片了。此時我們選取「按鈕 1」，在「元件屬性」中的「圖像」已經有了剛才上傳的「zanzancat1.jpg」可供選擇。

除了在「素材」上傳引用這個作法外，你也可以選擇直接在元件屬性區上傳，也能得到相同效果。比如在「圖像」屬性也有提供「上傳文件」這項功能，操作方法與「素材」區上傳方式一模一樣。如圖所示，準備上傳「zanzandog2」照片〈圖 1-3-4〉。

〈圖 1-3-4〉：在「圖像」屬性區上傳照片「zanzandog2」

　　設定好圖檔「zanzandog2.jpg」後，馬上在「工作面板」中的「按鈕1」替換成小狗玩偶的照片了〈圖1-3-5〉，另外在「素材」區裡可以看到有兩個圖像檔案了。

〈圖1-3-5〉：「按鈕1」變成小狗玩偶的照片

　　以相同方式，將小貓（zanzancat1.jpg）、小狗（zanzandog2.jpg）的照片都設定在「Screen1」的工作面板上〈圖1-3-6〉。

〈圖1-3-6〉：將兩張圖像設定為「按鈕1」、「按鈕2」對應的圖像屬性中

　　如果你仔細觀察上個步驟，可以看到在兩張照片上分別出現了「按鈕1文字」和「按鈕2文字」，這是因為按鈕元件的文字屬性預設內容所造成的，而解決方法很簡單，就是直接把它刪除、變成空白即可〈圖 1-3-7〉。

〈圖 1-3-7〉：將按鈕元件的文字內容刪除

　　接著同上個步驟的操作，將按鈕元件的文字屬性內容修改成「快點按我！」〈圖 1-3-8〉。

〈圖 1-3-8〉：將按鈕元件的文字內容修改成「快點按我！」

在這一節介紹了如何設定元件屬性，從範例中我們不難發現，只是簡單的設定按鈕元件的圖像和文字，就能夠讓按鈕產生這麼大的變化，而我們也看到屬性清單裡，還有很多其他的屬性值可以自行去做設定。有興趣自己動手嘗試的人，不妨自己做做看，透過設定不同屬性值，觀察一下到底在工作面板（手機 APP 畫面）會產生什麼效果？你也可以從中體會到不同的樂趣。

目前為止，我們還停留在開發介面的預覽階段，接下來的章節馬上會看到 APP 專案在手機的模擬呈現。

 **BOX**

學習 App Inventor 其實是一件充滿愉悦、滿足感，以及帶有一點探險的創造過程，不要把它想成是程式設計，設計元件如同構思小説中的角色，當有了某個角色的雛形後，就會開始進行其他條件的設定，例如身高、體重、星座、血型等，而不同的角色設定，在小説故事裡面就會有不同的發展。App Inventor 的元件也是如此，在不同的元件中去設定出不同的屬性值，而透過千變萬化的屬性設定，可以豐富你的 APP 專案，造就更有特色的設計。

## 1-4 認識程式設計方塊

搭配專案檔：ZanzanZoo

上一節已經大致設計好這款簡單的手機 APP 介面，包括一個標籤和兩個按鈕，不過使用手機 APP 當然是期待在按下按鈕時會執行某些動作，這個如同之前所提到英文文法裡另一個基本句型：「主詞＋動詞」。這一節便要繼續完善這個 APP。

首先，設定在按下小貓、小狗的照片之後，手機就會發出相對應的動物叫聲。接著看到元件面板，元件面板是由 12 個可摺疊的抽屜所組成的（參考第 15 頁），包括之前章節提過的「使用者介面」中的按鈕和標籤，這裡則是要用到「多媒體」這個抽屜中的「音效」。雖然是不同類型的元件，但設計流程完全相同，也就是把「音效」元件拖曳到「工作面板」上，然後在「元件清單」中選取「音效 1」元件，在屬性的「來源」裡，上傳一個多媒體聲音檔案（zanzancat1.mp3）。在前面小節有實際動手設計按鈕圖像的讀者，在這裡會發現操作上並不困難。〈圖 1-4-1.1 & 圖 1-4-1.2〉

〈圖 1-4-1.1〉：上傳一個多媒體聲音檔案（zanzancat1.mp3）

〈圖 1-4-1.2〉：多媒體聲音檔案 & 非可視元件

::: **Memo** ::::::::::::::::::::::::::::::::::::::::::::::::::::::::::::::::::::::

**非可視元件──音效**

　　雖然設計流程相同，但其實音效和先前的按鈕、標籤元件，在本質上是有所區別的。仔細看工作面板，音效會放置在最下面的「非可視元件」區域裡，這表示在最後手機 APP 呈現的時候，可以看到按鈕和標籤，但不會看到音效元件，因為非可視元件是作為非視覺化的多媒體內容，或者是輔助 APP 運作的物件〈圖 1-4-1.2〉。

:::::::::::::::::::::::::::::::::::::::::::::::::::::::::::::::::::::::::::::::::::

　　到現在這款 APP 的所有元件都設置好了，接下來要讓這些元件動起來。由此要進入 App Inventor 另外一個介面，為了使讀者更加清楚，先把語言切換到英文，可以注意到在右上角有兩個選項，英文分別為：Designer（畫面編排）及 Blocks（程式設計）〈圖 1-4-2〉。

〈圖 1-4-2〉：右上角的 Designer（畫面編排）及 Blocks（程式設計）

設計元件都是在「畫面編排」介面，現在要點擊進入「程式設計」介面，特別把中英文列出來，是因為「畫面編排」在中英文表達的意思差不多，而「程式設計」在中文介面表達的是操作過程，英文「Blocks」則著重表達其如何被操作的，亦即以「方塊」進行程式設計，也就是本節接下來的步驟。

## 程式設計

程式設計介面主要分成三大區域：方塊、素材、工作面板。第一個區域方塊區域，每一個方塊都代表著一個程式碼，但不需要經過複雜的程式碼，只要透過「拖曳」與「放開」的動作，就能把手機 APP 的程式邏輯組合出來。在這裡我們會用到之前設計好的「Screen1」的各個元件，第一，「方塊」區域。第二，「素材區域」，其內容作用和前面畫面編排是相同的。第三，「工作面板」區域，像一塊大白板，我們會把元件庫裡的程式方塊拖曳這裡進行結合，並以圖像化方式來進行程式編輯〈圖 1-4-3〉。

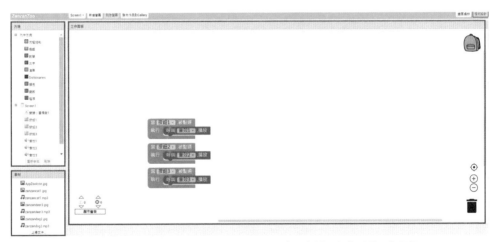

〈圖 1-4-3〉：左上紅框處為方塊，左下紅框處為素材，右方則是工作面板

::::: **Memo** :::::::::::::::::::::::::::::::::::::::::::::::::::::::::::::

**Screen1：**

Screen1 系統會將與此元件有關的事件、方法和屬性全部列出來。

例如，在方塊區域裡點一下「按鈕 1」，工作面板即會出現該按鈕可以設計執行的操作，其中第一個為「當按鈕 1. 被點選執行」方塊。將一隻手的游標圖示移到此方塊，浮窗顯示一行英文的輔助說明：「User tapped and release the button」〈圖 1-4-4〉，清楚地描述該事件的程序。

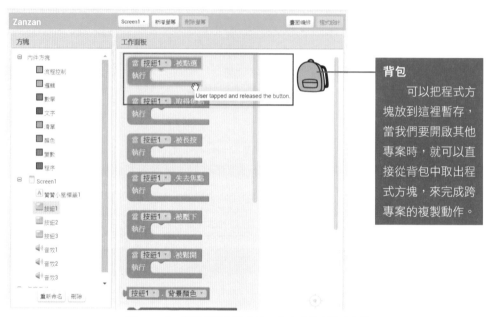

**背包**

可以把程式方塊放到這裡暫存，當我們要開啟其他專案時，就可以直接從背包中取出程式方塊，來完成跨專案的複製動作。

〈圖 1-4-4〉：將游標移至該方塊，會出現英文說明字樣

當我們在此方塊上按一下，這個方塊即被放置在工作面板上〈圖 1-4-5〉。

〈圖 1-4-5〉：點按「當按鈕 1. 被點選 執行」方塊

　　同樣方式，點按方塊區域中「音效 1」的「呼叫音效 1. 播放」方塊，即放置到工作面板上。〈圖 1-4-6〉

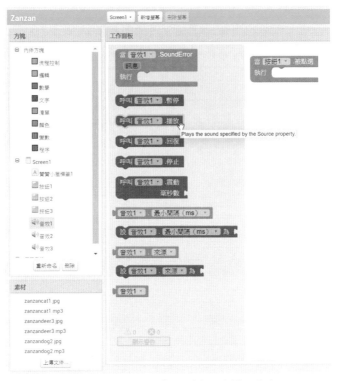

〈圖 1-4-6〉：按一下「呼叫音效 1. 播放」方塊

## BOX

### 不同顏色的方塊，各有涵義

　　方塊的顏色分別，是為了讓開發者在拉拖方塊時能很清楚的分辨出事件（Events）、方法（Methods）和屬性（Properties）等不同功能。

棕色的方塊：代表的是事件，也就是「事件處理器（Events Handlers）」的簡稱。

紫色的方塊：代表的是方法，也就是一個指令，即英文文法中的動詞。

深綠色方塊：代表的是設定屬性值。

淺綠色方塊：代表的是取得屬性值。

目前工作面板中有兩個程式方塊：「當按鈕 1. 被點選執行」、「呼叫音效 1. 播放」，直接拖曳讓這兩個**方塊結合**起來。如〈圖 1-4-7〉所示，有點像是拼圖一樣，這兩個方塊在上方部位有個一凸一凹的卡扣，當它們緊扣在一起，電腦會有一個扣住了的聲響，這是 App Inventor 的設計，當方塊能順利扣合，即確保程式設計沒有問題。

::::: **Memo** :::::::::::::::::::::::::::::::::::::::::

**方塊結合**

　　進行方塊結合（或稱拼湊、拼接、組合）時，並不是可以隨意組合，它具有一定的規則，所有元件的每個動作都開始於事件的觸發，例如可以看到棕色事件的方塊無法接在別的方塊上，而只能讓別的事件拼入，所以它一定是在最外層。

注意到「呼叫音效 1. 播放」方塊下面還有一個凸出的地方，這是因為「當按鈕 1. 被點選」，可能希望不止執行一項操作，如果有第 2 項、第 3 項操作，可以用同樣方法去增加其他操作。

App Inventor 的設計，不僅編寫程式語句簡單，複製程序語句同樣相當簡單，只要在已經組合好的程式方塊上，直覺地按下滑鼠右鍵，有非常多的快捷選項，其中一項就是「複製程式方塊」〈圖 1-4-7〉。

〈圖 1-4-7〉：複製程式方塊

如此就可以快速為三個按鈕設計執行音效播放的程式。按鈕和音效皆可下拉選擇，可以很方便地改為設置其他按鈕或其他音效〈圖 1-4-8〉。

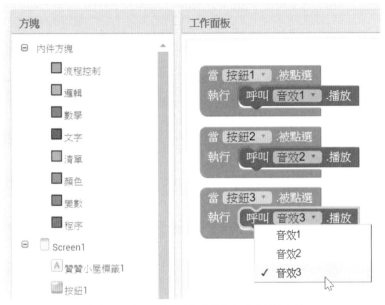

〈圖 1-4-8〉：下拉可改為其他按鈕或者其他音效

　　這一節最後設計出的 APP 專案，以介面編排而言，包含「一個名稱標籤、三個小動物布偶的照片」，以 APP 程式設計而言，按下去則有不同的預錄好的小朋友的聲音，這款簡單的手機 APP 是我設計給我們家寶貝女兒贊贊玩的，所以使用了贊贊的玩偶照片、錄製的也是贊贊的聲音。讀者在實際動手設計時，可以用自己鍾愛的照片，以及自己錄製喜愛的聲音，這便是自己設計手機 APP 最大的樂趣！

　　這款 APP 雖然簡單，不過延伸可能性很大，只要把介面照片換成音樂專輯的封面，程式設計為按下封面開始播放音樂，或者是點選親朋好友的照片，就能自動撥打電話給對方，諸如此類的 APP，已經可以利用目前所學到的觀念去製作。接下來的章節，會繼續擴充 APP 結構，設計出更靈活好用的手機 APP。

## 1-5 進行手機模擬測試

搭配專案檔：ZanzanZoo

本章到目前為止，已經在網頁上設計了一款 APP 專案，然而這個設計只是個過程，最終當然希望它是一個可以在手機上執行的 APP 程式，所以要瞭解如何將專案導出、安裝在安卓手機上。以程式設計師而言，除了安裝，基於程式設計需要，還需要能在每一個段落可以測試目前的設計成果，App Inventor 也具備相關功能，這些將在這一節分享。

首先，有使用過安卓手機的讀者，或許已經知道直接安裝外部應用的檔案類型為 .apk，App Inventor 當然也提供了導出 .apk 檔案的功能。在最上方的工具列有一項為「打包 apk」〈圖 1-5-1〉，將其下拉會出現兩個選項：「打包 apk 並顯示二維條碼」、「打包 apk 並下載到電腦」，其中「二維條碼」在這裡指的是「QR Code」，至於「下載到電腦」，就是打包匯出檔案到我們的電腦中。

〈圖 1-5-1〉：打包 .apk 檔案

::::: **Memo** :::::::::::::::::::::::::::::::::::::::::::::::::::::::

**apk：**

所謂的 .apk 檔是 Android 應用程式中的安裝檔，所有在 App Inventor2 中編輯的專案，所以一定要把它編譯為 .apk 安裝檔，才能安裝到手機裡。

導出 .apk 檔案的優缺點剛好是一體兩面。由於已經從專案中導出、脫離，並安裝到手機上面，好處是不會再受專案修改的影響，壞處也在於它已經和 App Inventor 完全分離，成為獨立應用，所以即使原來專案有任何修改，並不會影響或者反映到手機安裝好的 APP。換句話說，沒有辦法執行程式設計最需要的實時同步測試。

針對手機測試需求，App Inventor 提供了三種方法：第 1 個是無線 WiFi 連線，第 2 個是電腦本身的手機模擬器，第 3 個是透過 USB 連線。實際執行方法可參照網頁說明文件：http://appinventor.mit.edu/explore/ai2/setup.html。在此介紹最方便、最實用的 WiFi 連接方法〈圖 1-5-2〉。

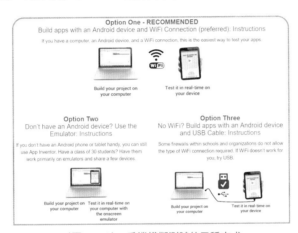

〈圖 1-5-2〉：手機模擬測試的三種方式

 **BOX**

**我較不推薦方法 2「手機模擬器」或方法 3「USB 連線測試」的原因**

在這裡之所以沒有特別介紹方法 2「手機模擬器」，一方面是官方文件已說明得很清楚，另一方面是因為手機模擬器沒辦法打電話、發簡訊、沒辦法觸摸，畫面呈現也可能跟實機測試不同。程式的手機模擬測試是很重要的，既然是設計手機 APP，那就要在手機上測試，不然有可能你覺得設計得很 OK，但其實根本跑不起來。

另外，使用「USB 連線」的問題是，只要是連接到實體，不論是 USB 或電腦，就有設備和設備裝置相容性的問題。相對來說，選擇 WiFi 連線，就沒有任何其他東西的介入，很純粹，相對好控制，App Inventor 必須考慮的環境因素相對較少，也能大幅避免測試和實際運作間的誤差。

首先，必須於安卓手機安裝一個名為「MIT AI2 Companion」的 APP，可以掃瞄下方左側的 QR 碼前往 Google play 商店，也可以掃描右側 QR 碼後直接下載安裝 .apk 檔案。兩者差別在於在商店安裝可以自動更新，手動 .apk 檔安裝的話，必須自己更新〈圖 1-5-3〉。

〈圖 1-5-3〉：WiFi 連接方法需先安裝 APP「MIT AI2 Companion」

手機 APP 安裝好之後，於電腦端上方工具列將「連線」指令下拉，選取第一個「AI companion」〈圖 1-5-4〉。

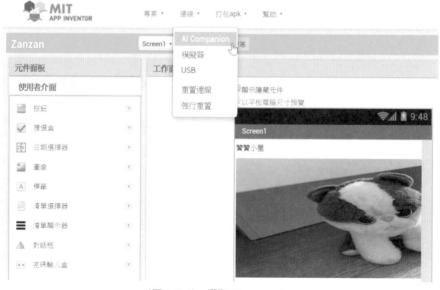

〈圖 1-5-4〉：選取 AI companion

接著電腦端會出現一個二維碼和一組六位數編碼〈圖 1-5-5〉。

〈圖 1-5-5〉：出現一個二維碼和一組六位數編碼

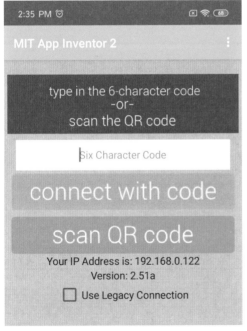

〈圖 1-5-6〉：「connect with code」、「scan QR code」兩種連線方式

開啟手機端 APP，有兩種連線方式：「connect with code」、「scan QR code」，剛好分別和上個步驟的「六位數編碼」及「QR 碼」相對應。另外，請注意到手機和電腦兩個設備必須透過同一個 WiFi 環境上網，彼此才能夠連接成功。〈圖 1-5-6〉

連接成功之後，在電腦端所做的任何專案修改，都會即時同步在手機端 APP 上，如此大大提昇程式設計的測試效率〈圖 1-5-7〉。

〈圖 1-5-7〉：連接成功！

 **BOX**

**假如持續無法連線，請先確認以下狀況**

**1.** 確認手機與電腦是否連接同一個無線網路？也就是要在同一個 Wi-Fi 設備下。

**2.** 是否使用的是公共空間所提供的 Wi-Fi ？如果是的話，請避免。

**3.** 若問題還是無法排除，請使用模擬器或 USB 線來連結電腦、手機進行測試。

最後，除了可以「打包 apk」作為安卓手機的安裝檔，還能把上方工具列的「專案」下拉，點選「導出專案（.aia）」〈圖 1-5-8〉，將目前設計好的程式專案匯出成一個電腦檔案，其檔案類型為（.aia），作為未來或其他程式開發者的參考檔案，此檔案可以在 MIT App Inventor 應用網頁上，再以「匯入專案（.aia）」方式讀取。注意到 .apk 為手機應用檔案，aia 為 MIT App Inventor 程式專案檔案，前者供手機 APP 使用，後者供開發人員使用。

〈圖 1-5-8〉：也可以將專案導出為程式專案檔案（.aia）

在接下來的章節，或者一般在程式開發設計時，通常會是相對較龐大複雜的專案，即使 App Inventor 在初始創造時，已經把許多程式設計會遇到的困難和挫折大大降低了，但在電腦網頁端所設計的 APP 程式，還是很有可能跟實際在手機呈現的效果有落差，所以真正在進行程式專案，務必養成定期測試的習慣，只要覺得告一段落了，就應該實際安裝在手機上或者用模擬方式予以確認，一步一步穩紮穩打，最後才能創造出實務上可應用且令人滿意的手機 APP。

**Chapter**

**2**

# 專案練習 1：
# 大頭貼電話簿

▼ **你將學會** ——

- 設定螢幕屬性，取消標題並允許捲動
- 設定按鈕布局，等比例排列填滿螢幕
- 設計按鈕點選打電話、長按發簡訊的程式
- 設定手機 APP 圖標及版本
- 選擇手機相片作為按鈕圖片
- 執行摺疊、展開、停用、刪除等程式方塊操作
- 使用微型資料庫儲存所選取圖片
- 添加內建方塊作為資料庫標籤文字
- 添加圖像元件作為按鈕初始圖像
- 設定選取聯絡人和撥號清單作為電話號碼
- 導出 App Inventor 程式專案 .aia 檔案

## ▶ 2-1 螢幕按鈕布局

搭配專案檔名：ZanZanCall

　　在上一章我們完成了一款手機 APP，介面是由三個圖片按鈕所組成，按下任何一個圖片按鈕，就會發出特定聲音，設計架構上可說相當簡單，主要用意是讓讀者能勇敢踏入 App Inventor 的世界。在這個章節，是以上一章所學為基礎，進一步擴展出一款電話通訊錄的手機 APP 專案。

## 畫面編排

一開始希望是四家電信業者的圖片，只要點擊任何一家電信業者的圖片按鈕，即能撥打給該電信業者的客服電話。所以第一步會先在工作面板上建立四個按鈕，並且分別上傳四家電信業者的 logo 圖片〈圖 2-1-1.1〉，筆者則是使用自己電繪的圖片。

〈圖 2-1-1.1〉：建立四個按鈕，分別上傳四家電信業者的 logo 圖片

::: **Memo** ::::::::::::::::::::::::::::::::::::::::::::::::::::::::::::::::::::::

App Inventor 支援圖片檔案類型有主流的 jpg、png，也有較為少見的 jfif，可以說接收度蠻廣泛的。

上個步驟的圖片檔案皆是以英文作為名稱命名，或許有讀者好奇，為何不用中文名稱？其實有興趣可以嘗試看看，當真的要上傳中文名稱檔案時，會跳出一個錯誤提示視窗：「檔案名稱中只能包含字母、數字和字元 -_. ! ~* 等」〈圖 2-1-1.2〉&〈圖 2-1-1.3〉，由此可見 App Inventor 不支持中文名稱的圖片檔案。這是因為 App Inventor 原本就是以英文作為原始語言創建的，也許基於相容性考量，所以有此名稱限制。

擴大而言，其實在程式設計很多場合都有類似情況，所以在上個步驟可以看到，專案名稱為「ZanzanCall」，並沒有使用中文名稱，也是基於相容性考量。

〈圖 2-1-1.2〉：上傳含中文名稱的圖片檔案

〈圖 2-1-1.3〉：出現錯誤提示

在上一章的結尾提到，真正設計程式時，應該養成階段測試的習慣，在這裡已經設置好了四個圖片按鈕，現在連線到手機模擬測試。不過，在這個階段很快會發現幾個小問題：其一，螢幕上方有一行小小的「Screen1」標題欄，明顯是多餘的；其二，圖片尺寸大小不一，不僅有失美觀，還會實際影響使用者體驗；其三，明明上傳了四個按鈕對應的圖檔，然而因為手機螢幕大小的限制，並沒有全部顯示出來，像是遠傳電信的圖像消失了〈圖2-1-2〉。

通常使用上，我們習慣畫面是可以捲動的，如果能輕鬆將畫面上下滑動，就能透過滑動看見遠傳電信的圖像，在此實際測試會發現，怪怪的，因為目前螢幕沒辦法上下滑動或捲動。

〈圖2-1-2〉：圖片按鈕沒有全部顯示出來

上個步驟所謂的標題欄和捲動，其實都是螢幕屬性之一，因此可於「元件清單」先點選「Screen1」〈圖2-1-3.1〉，接著在「元件屬性」裡，將「允許捲動」打勾，並且將「標題顯示」取消勾選〈圖2-1-3.2〉，待會就看得到顯示效果。

〈圖2-1-3.1〉：點選「Screen1」

〈圖2-1-3.2〉：將「允許捲動」打勾，並且將「標題顯示」取消打勾

## ▍驗證執行

　　首先在工作面板上可以看到，已經沒有「Screen1」標題欄，而且螢幕最右方出現了垂直的捲動條，於同步模擬測試的手機 APP 上，也出現相同的改變〈圖 2-1-4〉。

〈圖 2-1-4〉：實機測試，最右邊出現垂直捲動條

　　透過調整螢幕屬性，解決了多餘的標題欄和螢幕無法捲動的問題，然而仍然存在一個問題是，每個按鈕圖像在螢幕上顯示的大小並不一致。

　　這時最直接的想法，是直接透過調整圖片大小來解決，但是如此一來不僅麻煩；二來，不同品牌安卓手機的螢幕大小也不同，沒辦法以一應百，所以這條路是行不通的。其實，在 App Inventor 上，只要調整元件屬性的幾個設定就能解決這個問題。

## ▌ 畫面編排

　　首先，於元件清單選擇任意一個「按鈕」，其元件屬性裡有「高度」跟「寬度」，其中寬度有「自動」、「填滿」、「像素」、「比例」這四個項目。我們將「高度」設定為「25」比例、「寬度」設定為「100」比例〈圖2-1-5〉。這一節範例總共有四個按鈕，所以每個按鈕的高度應該佔整個螢幕的「25%」，而寬度等同於整個螢幕的寬度，因此皆設定為「100」。

〈圖 2-1-5〉：將「高度」設定為「25」比例、「寬度」設定為「100」比例

## 驗證執行

四個按鈕的高度和寬度都設置好之後,可以看到 App Inventor 工作面板上的畫面較為井然有序了,而在實機上看到的測試畫面則更加美觀。因為四個按鈕圖片高度皆為 25%,剛好填滿整個螢幕畫面,實機螢幕也就不會再顯示出垂直捲動條〈圖 2-1-6〉。

〈圖 2-1-6〉:設置四個按鈕圖片高度皆為 25%,手機測試不再顯示垂直捲動條

第一章已經使用到「Screen1(螢幕)」和「按鈕」這兩個元件,當時在屬性設置上是著重在多媒體素材,在這一節範例裡,則可以清楚看到只要把元件屬性稍作更改,就有截然不同的呈現,而這麼多的元件都有對應屬性可供調整,操作方法跟這一節同樣簡單,而且馬上可以看到變更後的效果,各位讀者有興趣可以就其他屬性設置多多嘗試,這正是 App Inventor 的魅力所在,以平易近人的操作,過程中依然可以體會到程式設計的驚喜與創造。

## 2-2 撥打電話程式

搭配專案檔：ZanZanCall

上一節已經設計好手機 APP 的操作介面，不過這一章的 APP 專案練習為「大頭貼電話簿」，顯然光有按鈕元件本身是不夠的，因此，這一節加入撥打電話的機制，也就是我們要開始從 App Inventor 的「畫面編排」進入「程式設計」的部分。

### ▌畫面編排

「撥打電話」本來就是手機最原始、最重要的功能，App Inventor 當然不會少了這個核心元件。現在，點選「元件面板」中，位於「社交應用」的「電話撥號器」元件〈圖 2-2-1〉。

將游標移到元件右邊的問號，會跳出補助說明視窗：「用來撥號並接通電話的元件。」從中可得知這個元件屬於「非可視元件」（作為非視覺化的多媒體內容，或者是輔助 APP 運作的物件，請參考第 26 頁），可以在屬性中直接設定撥打的電話號碼，也能配合「聯絡人選擇器」元件使用，不管是在畫面編排或程式設計介面都可以設定電話號碼屬性。

〈圖 2-2-1〉：元件的補助說明視窗

將電話撥號器移到工作面板，和上一章的多媒體音效一樣，它會自動落在下面的「非可視元件」區域。而從「元件屬性」中可以看到，這個元件只有一個「電話號碼」屬性，相當簡單，現在就輸入各個電信業者的客服電話〈圖 2-2-2〉。上個步驟的說明有提到，中間不能夠有空格，不過連字、括號等符號會被自動忽略，所以保留了電話號碼中的連字號。

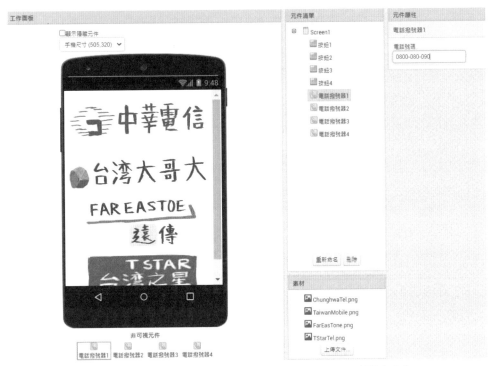

〈圖 2-2-2〉：輸入各個電信業者的客服電話，保留電話號碼中的連字號「-」

## ▌ 程式設計

於「方塊」中點選「電話撥話器 1」，接著在工作面板會出現關於此元件可執行的事件（Events）和方法（Methods）、或者是設定其屬性（Properties）〈圖 2-2-3〉。

「事件」很像英文的條件子句，是指程式方塊為「當……執行……」，是「事件處理器（Events Handlers）」的簡稱。「方法」則是一個指令或動詞，亦即希望手機執行的動作，例如「呼叫電話撥號器 1. 撥打電話」〈圖 2-2-3〉。

App Inventor 裡各個元件皆有相對應的屬性、方法、事件，學習程式設計的過程，便是深入瞭解各元件，將其組合應用於實際案例中。在此是以圖像化方式（也就是程式方塊）拼湊成語句，在其他程式語言中，則是以純粹的程式碼來編寫，雖然較為困難、容易出錯，但其實原理是一樣的。

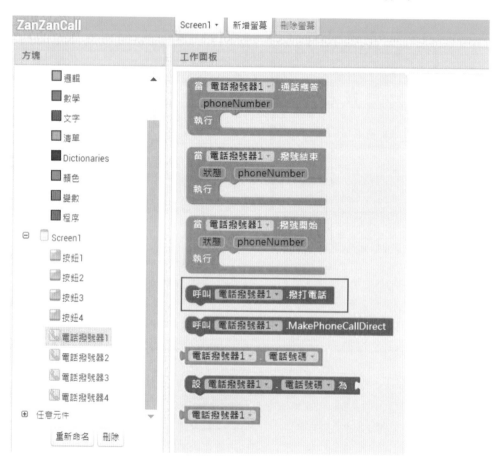

〈圖 2-2-3〉：選擇「呼叫電話撥號器 1. 撥打電話」

沿用和 1-4「認識程式設計方塊」相同操作，為四個按鈕分別設置「被點選則執行撥打電話」的事件，至此已完成本章「大頭貼電話薄」的程式設計基本架構〈圖 2-2-4〉。

〈圖 2-2-4〉：四個按鈕分別設置為「當……被點選，則執行呼叫……撥打電話」的事件。

「撥打電話」和「傳送簡訊」是手機被發明之初的兩大基本功能，上個步驟完成了撥打電話，接下來設定傳送簡訊。

## 畫面編排

回到畫面編排介面。於「元件面板」的「社交應用」中，將「簡訊」拖曳到「工作面板」〈圖 2-2-5〉，從輔助說明和「元件屬性」可以大略得知 App Inventor 支援的簡訊操作，可以收發簡訊、預設簡訊內容、甚至還可以利用 Google 語音來發送簡訊，在此範例使用最基本功能，在「元件屬性」中輸入「電話號碼」，並在「啟用訊息接收」此項選擇「關閉接收」。

〈圖 2-2-5〉：將「簡訊」拉到「工作面板」

## 程式設計

　　仿造剛剛「當按鈕 N. 被點選，執行……」的步驟，拼出四組「當按鈕 N. 被長按，執行呼叫簡訊 N. 發送訊息」的方塊組合〈圖 2-2-6〉，分別對應「按鈕 1 ～ 4」，過程中為加快效率，當然也會用到複製程式方塊（如果忘記了，請回到第 30 頁複習）。

　　兩三次操作下來，應該可以理解 App Inventor 程式方塊的規則，凹字型為待完成的「若……則……」事件，而「上凹下凸的長條型方塊」為一個方法，兩者剛好契合為一組完整的事件。

　　這是 App Inventor 的巧思之一，程式語言是寫給機器人看的，機器人一絲不苟、無法變通，一根小螺絲錯了，機器人看不懂，整個程式就沒辦法執行，因此程式語言當然是所有語言中最嚴謹的。App Inventor 透過方塊組合的方式，預先把規則設計好，只要能拼湊完成，就絕對能成功執行，程式有沒有 Bug，一看就清楚明白。

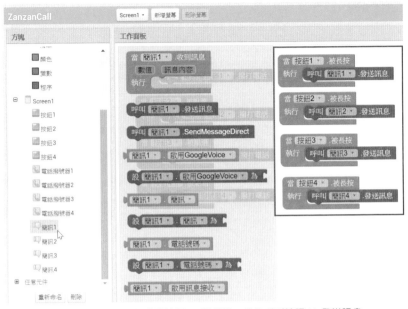

〈圖 2-2-6〉：拼湊四組「當按鈕 N. 被長按，執行呼叫簡訊 N. 發送訊息」

## 畫面編排、驗證執行

　　匯出程式之前，最後在「Screen1」的「元件屬性」這裡，上傳一個贊贊小屋 logo 的圖片到「圖示」屬性，這個會成為手機 APP 的圖標，接著再將「版本編號」改為「2」，「版本名稱」設定為「2.0」。〈圖 2-2-7〉

〈圖 2-2-7〉：上傳一個贊贊小屋 logo，作為手機 APP 的圖標

　　經過以上設定之後，依照 1-5 小節所學（第 34 ～ 35 頁），將檔案透過掃描二維條碼或者電腦傳輸安裝到手機上。

　　最後補充一點，上傳 APP 圖標的圖片時，請特別注意檔案大小。

　　現在手機拍照功能提升，隨便一拍可能都是上千 KB 大小。也許是手機本身有設限，我在安裝一個圖標大小達到 3,346KB 的 APP 時，手機螢幕瞬間變成全黑，無法使用，但透過像是音量、語音助手、快捷等等其他操作，我確定手機仍然是正常運作的，只是沒辦法回到 APP 主頁，最後不得已只好還原重裝系統。接著，我將圖標像素從「3024X3024」降低到「199X199」，便可以正常安裝了〈圖 2.2-8〉。

　　或許不同手機性能有差別，以上僅是個人的慘痛經驗供讀者參考。

〈圖 2-2-8〉：APP 圖標需特別注意檔案大小

　　這一節我們在元件清單新增添一個元件到工作面板，設定好元件屬性後，從畫面編排切換到程式設計，拼湊方塊編寫好元件事件，再回到畫面編排，簡單設置此專案的圖示版本等，最後，安裝到手機上。等於是透過一個簡單小元件，完整走過一次 App Inventor 的開發流程。不僅僅是更加熟悉 App Inventor 整個流程架構，而且也再一次體會其簡單強大之處。

## 2-3 選取手機圖片

目前為止，從第一章到第二章，圖片是我們廣泛使用的素材，之前都是直接從電腦上傳圖檔到 App Inventor 裡，然而對於使用者來說，這一個圖片上傳的過程類似「後臺操作」，是前端使用者無法執行和掌握的，所以，一般我們使用的手機 APP 都會提供「調用手機內圖片」的功能，方便選取手機本身所拍攝或是所儲存的照片。此功能已成為手機應用的核心組件之一，當然在 App Inventor 也有相對應元件供使用，這一節將會具體介紹。

### 畫面編排

於「元件面板」的「多媒體」中，將「圖像選擇器」拖曳到「工作面板」〈圖 2-3-1〉。

〈圖 2-3-1〉：將「圖像選擇器」拖曳到「工作面板」

　　注意到在圖像選擇器的「元件屬性」裡有一項「可見性」，如果打勾，這個元件會顯示於「工作面板」中，亦即手機安裝啟動 APP 後，會顯示在螢幕上。我們選擇把四個圖像選擇器加都到工作面板中，但「取消勾選」可見性〈圖 2-3-2〉，讓工作面板上不會看到此元件，它也不會落到「非可視元件」區，因為這個「圖像選擇器」的作用是在特定事件發生時，會啟動選取手機照片這個動作，並將所得到的照片進一步做特定用途。

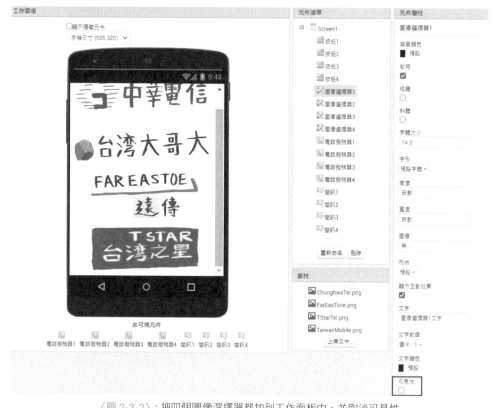

〈圖 2-3-2〉：把四個圖像選擇器都加到工作面板中，並取消可見性

## ▌ 程式設計

　　上一節設定了「長按時發送簡訊」，其實如今像 Line 這樣的即時通訊應用相當方便，發送簡訊的機會大大減少，因此決定將簡訊改為更換圖片。

　　雖然在組合好的程式方塊上按滑鼠右鍵，就能從快捷選單找到「刪除程式方塊」的選項，但我們暫不貿然直接刪除「長按發送簡訊」方塊，改以選擇「停用程式方塊」，如〈圖 2-3-3〉所示，停用後，方塊會反灰，表示該方塊目前處於停用狀態，如果之後需要再次啟用，以同樣滑鼠右鍵點選「啟用程式方塊」即可。

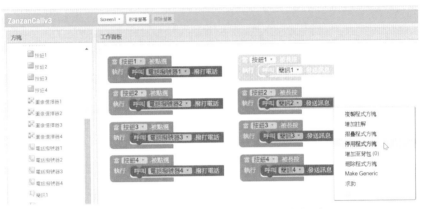

〈圖 2-3-3〉：選擇「停用程式方塊」後，方塊會反灰。

　　接著，在「方塊」區選擇這一節的重點「圖像選擇器 1」元件，依舊會跳出浮窗選項，若以英文文法歸納，大致可以分為「條件子句」（當…執行…）、「不及物動詞」（呼叫…）、「受詞」（元件屬性）、「及物動詞」（設元件屬性為…）等，如同不同形狀的方塊，掌握了規則分類，就掌握了基礎觀念。這一節用到最基本的「當圖像選擇器 1. 選擇完成，執行 …」〈圖 2-3-4〉這項條件子句。

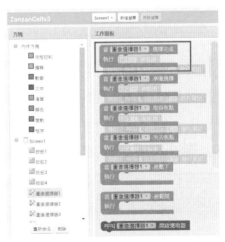

〈圖 2-3-4〉：這節使用「當圖像選擇器 1. 選擇完成，執行 …」方塊

我們的需求為「選擇某一手機照片作為按鈕圖片」，方式之一如〈圖2-3-5〉右上方，當「按鈕1.被長按」後，選擇圖片作為按鈕1的圖像，這是比較原始的想法。但如同本書前面所言，程式語言是寫給機器人讀的，機器人一絲不苟、一個口令一個動作，方式一在執行時會出現問題，在圖片選擇好的同時，圖像選擇器的圖片並不會馬上更改。

那就必須改為方式二：拆分成兩個動作（behavior）。第一個動作：使用者長按按鈕2，第二個動作：使用者進行選擇圖片，接下來則是當使用者已經選擇好圖片時，程式便會把按鈕2對應的圖片設定為使用者選中的圖片，也就是，一定要告訴機器人圖片已經選好，可以拿來使用了。上述兩種方式的差別，在後續模擬測試時會更加清楚〈圖2-3-5〉。

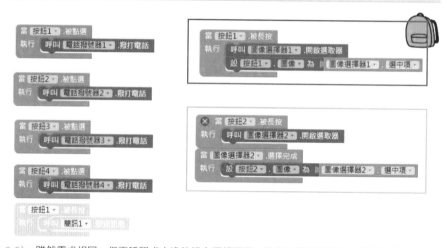

〈圖2-3-5〉：雖然需求相同，但兩種程式方塊的組合邏輯不同，注意以藍框的組合方式才能達到目的

::::: **Memo** :::::::::::::::::::::::::::::::::::::::::::::::::::::::::::

**程式語言──behavior**

　　在程式語言中，動作的説法是以「behavior」來表示，以這個步驟來説，可以理解為「使用者的某一特定操作」。

....................................................

補充一點，前面當我們在程式方塊上按下滑鼠右鍵，會出現快捷選單，其中有個「摺疊程式方塊」，其作用類似於電腦視窗的「最小化」按鍵，會將程式方塊的面積儘可能縮小，此時我們把「長按按鈕即發送簡訊」的四個方塊都摺疊起來〈圖 2-3-6〉。

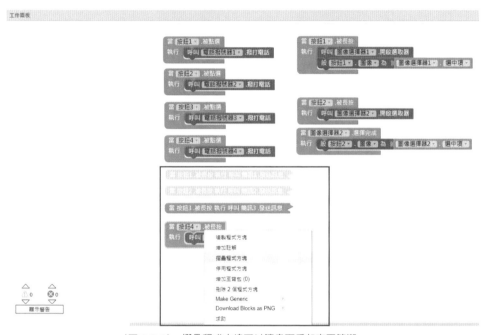

〈圖 2-3-6〉：摺疊程式方塊可以讓畫面看起來更簡潔。

這時可以發現，「摺疊程式方塊」後，原本停用的方塊仍然維持灰色，啟用的方塊仍然在執行中，並不會受到摺疊的影響，若想再次展開程式方塊，則按滑鼠右鍵後選擇「展開程式方塊」即可。

## 驗證執行

接下來進行手機模擬測試。

第一個按鈕和第二個按鈕於長按後都可以選取圖片，分別對應上個步驟的方式一和方式二，但第一個按鈕選擇圖片後並不會馬上改變圖像，必須再長按一次才會發現按鈕圖片變了，第二個按鈕則是選取圖片後會馬上會改變圖像〈圖 2-3-7〉。配合上個步驟的程式設計，多加思考，對於機器人如何解讀程式會有更進一步的體會。

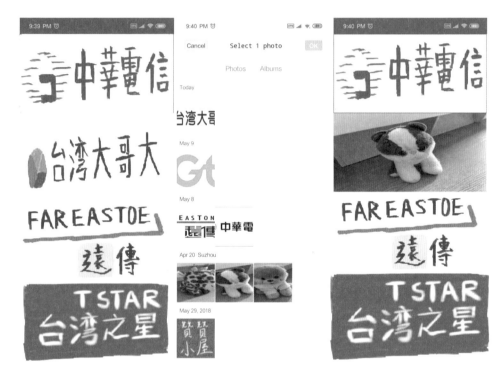

〈圖 2-3-7〉：第二個按鈕的程式設計才能達到「長按後，選定圖片就會立刻更換圖片」

最後，設計好的程式如〈圖 2.3-8〉所示，按鈕 3 和按鈕 4 的「長按呼叫圖像選擇器」方塊都被摺疊了，另外原按鈕 1 到按鈕 4 發送訊息的事件已被停用，並確認已無用處，可以點選滑鼠右鍵選擇「刪除 2 個程式方塊」了。

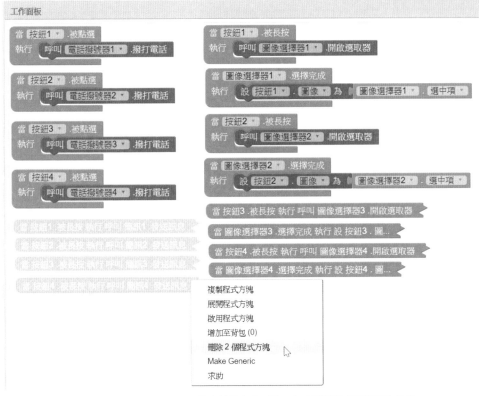

〈圖 2-3-8〉：在快捷選單中將多餘的方塊刪除，有助於讓程式更簡潔有效率

　　熟悉工作面板裡點選滑鼠右鍵後的各項操作，十分有助於調整程式方塊版面，提昇設計效率。

　　從這節範例可以見得，App Inventor 讓編寫程式變得簡單，以拼湊方塊代替書寫代碼，然而終究還是設計程式，在本質上沒有太大差異。掌握好每個元件的屬性、方法、行為、事件，要累積豐富寫程式（拼湊程式方塊）的經驗，學習如何寫一篇好的程式語言文章讓機器閱讀，才能夠在設計程式時容易上手。

## 2-4 屬性資料儲存

搭配專案檔：ZanzanCallv4

在前一小節，最終完成了一款簡單的 APP，利用「圖像選擇器」將電話通訊錄的封面設置為手機圖片，當時初步測試合乎預期，可是，如果安裝到手機上多做幾次測試，會很快察覺有個嚴重問題，四個聯絡人都設置好圖片之後，退出 APP 再重新執行，就會發現圖片都跑掉了，又恢復到原始設定值。箇中奧妙如上一節第 56 頁〈圖 2-3-5〉所示，只告訴機器人要換圖片，但是沒有下指令讓它把圖片儲存起來。這一節的重點就在於教機器人執行儲存這個指令，如此一來，選好的圖片就不會再跑掉啦。

### 畫面編排

在「畫面編排」介面，拖曳一個「元件面板」裡「資料儲存」中的「微型資料庫」元件到工作面板。App Inventor 的微型資料庫元件，只是儲存暫存資料，只有目前程式執行時可以暫存，一旦離開 APP，再次啟動，可以發現這些資料並不會被保留，也就是說，它用來儲存 APP 資料的非可視元件。仔細閱讀輔助說明，可以瞭解應用操作過程中的「變數值」，除非是透過資料庫執行，否則不會被儲存，所以每次開啟，都會從空白開始。每款 APP 於手機有一個專屬倉庫（電子資料區），每筆資料項是以標籤方式作為識別。本節即以實際範例具體說明此重要元件〈圖 2-4-1〉。

〈圖 2-4-1〉：資料儲存」中的「微型資料庫」

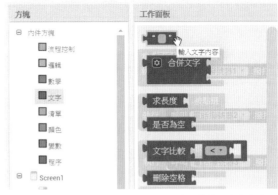

# 程式設計

在「方塊」區的「內件方塊」點選「文字」抽屜。在此打算使用第一個最為簡單的「輸入文字內容」〈圖2-4-2〉方塊，其作用是在程式設計中單純以文字作為內容的一個方塊。

〈圖2-4-2〉：使用第一個最為簡單普遍的「輸入文字內容」

「內件方塊」和本書之前的專案所引用的方塊性質較為不同，有必要多作說明。其英文原名為「App Inventor Built-in Blocks」，意思是內建於程式設計中，不管專案中使用哪些元件，這些內件方塊皆可使用。在線上圖書館（App Inventor Library）也有各個內件方塊的完整說明文件可供參考（http://appinventor.mit.edu/explore/ai2/support/blocks.html）〈圖2-4-3〉。

MIT APP INVENTOR

About ▾    News & Events ▾    Resources ▾    Create apps!

*Anyone Can Build Apps That Impact the World*    Custom S

## App Inventor Built-in Blocks

Built-in blocks are available regardless of which components are in your project. In addition to these *language blocks*, each component in your project has its own set of blocks specific to its own events, methods, and properties. This is an overview of all of the Built-In Blocks available in the Blocks Editor.

Built-in

- Control blocks
- Logic blocks
- Math blocks
- Text blocks
- Lists blocks
- Colors blocks
- Variables blocks
- Procedures blocks

☐ Control
☐ Logic
☐ Math
☐ Text
☐ Lists
☐ Colors
☐ Variables
☐ Procedures

> Return to App Inventor Library

〈圖2-4-3〉：線上圖書館涵蓋各種方塊的完整說明

　　如同〈圖2-4-3〉所示，單單文字方塊就包含了許多稍微複雜的行為和屬性，延續上一步驟，點選「Text blocks」大類別方塊，細部文件中針對每項行為屬性，都有更進一步輔助說明網址（http://appinventor.mit.edu/explore/ai2/support/blocks/text.html）〈圖2-4-4〉。

〈圖2-4-4〉：Text Blocks 的細部文件

　　如果是熟悉 Excel 的讀者，應該會發現部份文字方塊項目和 Excel 文字函數的作用雷同。在 Excel 可能不會用到所有的文字函數，不過仍然建議有時間多看看有哪些函數可供使用，App Inventor 的文字方塊屬性也是同樣道理，多看多參考總是好的，說不定在往後哪一個情境案例中，剛好會有某項方塊符合所用。

先了解這一節會應用到的文字方塊後，接著進入此節重點。將「方塊」裡的「微型資料庫1」拉出抽屜，取出其中的「呼叫…取得數值…」程式方塊，可以看到在「無標籤時之回傳值」預掛了一個空白的文字方塊，表示為無標籤時的預設值，預設為空白〈圖2.4-5〉。

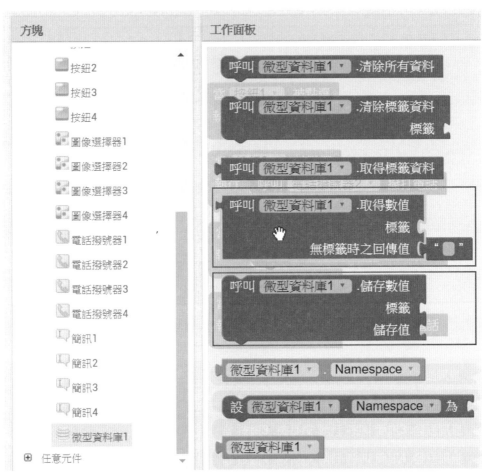

〈圖 2-4-5〉：點選「微型資料庫 1」取出「呼叫…取得數值…」方塊

另一個典型的資料庫程式方塊為「呼叫…儲存數值」，從這裡清楚看到 App Inventor 資料庫是以為每個「儲存值」貼上一個「標籤」來識別的。

　　在正式組合之前，我們再追加一個方塊。螢幕「Screen1」元件是一個非常特別的元件，即使尚未選取任何元件，「Screen1」已經存在了，而且其名稱無法更改。可以把它理解為 APP 本身，所選取事件為「當 Screen1. 初始化，執行……」〈圖 2-4-6〉，其實就是當 APP 啟動時，會立即執行此動作。

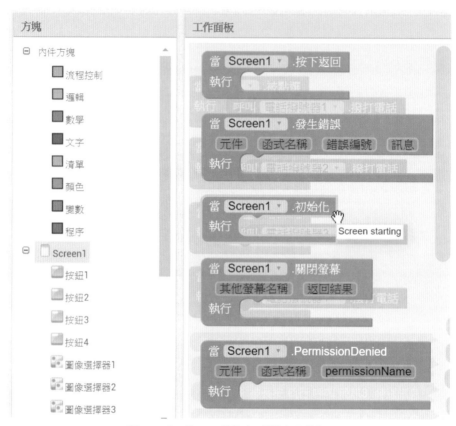

〈圖 2-4-6〉：當 APP 啟動時，即執行此動作。

　　程式設計如圖所示〈圖 2-4-7〉，意思是當 APP 啟動時，以資料庫中標籤為「Photo1」的內容值更新「按鈕 1」的圖像，另外當「按鈕 1」被長按時，可選取手機圖片，並將所選取圖片作為「按鈕 1」圖像，且儲存並更新資料庫中標籤「Photo1」的內容（儲存值）。

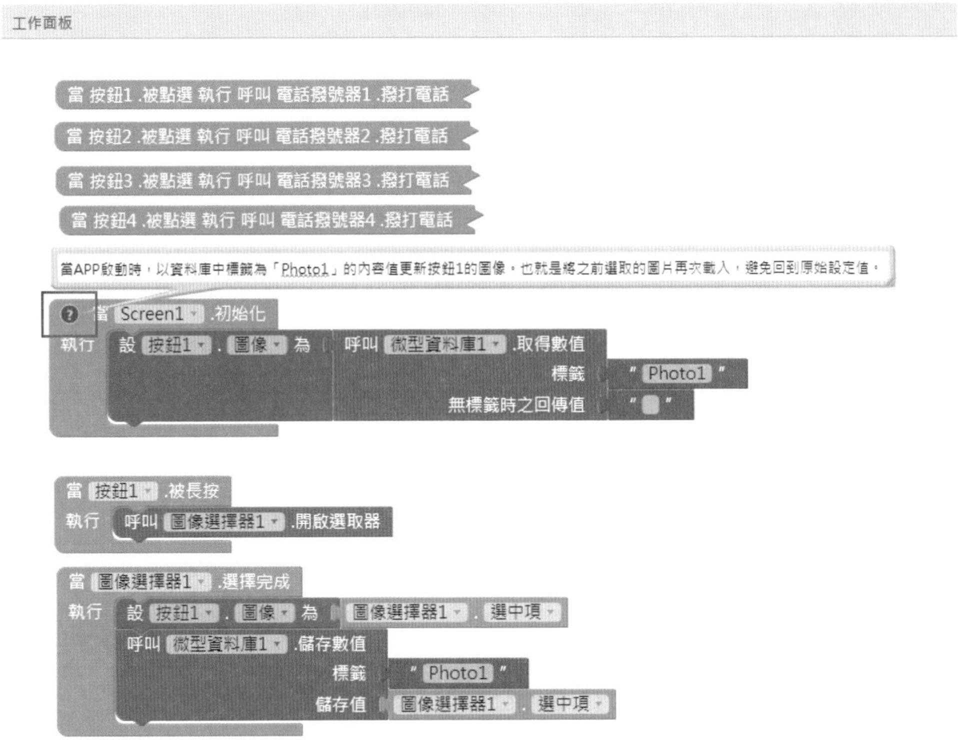

當 按鈕1 .被點選 執行 呼叫 電話撥號器1 .撥打電話

當 按鈕2 .被點選 執行 呼叫 電話撥號器2 .撥打電話

當 按鈕3 .被點選 執行 呼叫 電話撥號器3 .撥打電話

當 按鈕4 .被點選 執行 呼叫 電話撥號器4 .撥打電話

當APP啟動時，以資料庫中標籤為「Photo1」的內容值更新按鈕1的圖像，也就是將之前選取的圖片再次載入，避免回到原始設定值。

當 Screen1 .初始化
執行 設 按鈕1 . 圖像 為 呼叫 微型資料庫1 .取得數值
                              標籤      " Photo1 "
                        無標籤時之回傳值      " "

當 按鈕1 .被長按
執行 呼叫 圖像選擇器1 .開啟選取器

當 圖像選擇器1 .選擇完成
執行 設 按鈕1 . 圖像 為 圖像選擇器1 . 選中項
    呼叫 微型資料庫1 .儲存數值
                    標籤      " Photo1 "
                  儲存值 圖像選擇器1 . 選中項

〈圖 2-4-7〉：在方塊上點按滑鼠右鍵選擇「增加註解」，註解增加後，
在方塊最前端會多出一個藍底問號圖標

　　這裡除了使用上一節所介紹的「摺疊程式方塊」，因應程式益加複雜，
同時運用「增加註解」的功能，在想要新增註解的程式設計方塊上點按滑鼠
右鍵，選擇第二個項目「增加註解」，如圖在螢幕初始化程式方塊加了一道
註解，說明其組合用意，日後開發者閱讀理解和擴充程式代碼更加方便。

　　這一章到目前為止，設計出一款類似「我的常用聯絡人」的電話 APP，
雖然功能有了，但充其量只能稱之為開發人員內部測試版本。一個完善的
APP，還需要更精進介面布局，清楚在螢幕上顯現各式各樣的標籤和按鈕，
以便讓使用者容易上手，關於這一點，將在之後章節繼續為各位介紹。

## 2-5 其他電話元件

學英文時，我們會掌握一些常用句型，這些句型傳達了完整的語意，隨著所使用的單字不同，可以應用於不同的情境，增強我們的語言表達力。程式代碼的世界也是一樣，本章前面四個小節已經分享了關於「長按按鈕後，執行……」的句型，之前主要使用「圖像選擇器」，而在本章最後一節，我們要把其他跟撥打電話有關的元件，套用在這個已經熟悉的句型上，以便讓手機 APP 實現更多元的功能。

這一節的畫面編排，我們先延用上一節的架構，在程式設計上，前一小節導入「微型資料庫」元件，目的是為了解決操作者選取圖片後卻沒有被儲存的問題，不過在實際測試後，會發現有個衍生問題，先前設定為「如果資料庫找不到標籤時則為空白」，那麼在安裝 APP 後、第一次啟動程式時，當然是沒有選取過照片，資料庫即為空白狀態，如〈圖 2-5-1〉所示。

〈圖 2-5-1〉：當 APP 為首次開啟，因為資料庫中沒有資料，畫面即為空白

## 畫面編排

現在來解決〈圖 2.5-1〉螢幕出現部分畫面空白的問題。首先，於「元件面板」中「使用者介面」選擇「圖像」。因為此元件預計是要作為按鈕圖像，不會在手機螢幕上顯現，所以將其「可見性」屬性取消勾選。此外，將「chunghuaTelecom.jpg」設定為該元件的「圖片」屬性〈圖 2-5-2〉。

〈圖 2-5-2〉：選擇「圖像」，將其「可見性」屬性取消勾選、設定圖片屬性「chunghuaTelecom.jpg」

## 程式設計

將元件「圖像 1」的「圖像 1.圖片」，嵌入到「當 Screen1.初始化」中的「無標籤時之回傳值」凹槽中。用意在程式第一次啟動時，就以「圖像 1.圖片」作為初始預設圖片，這時便不會再出現畫面空白的問題〈圖 2-5-3〉。

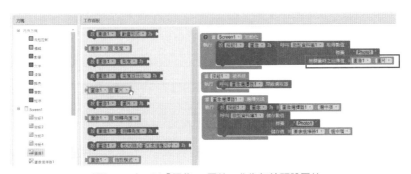

〈圖 2-5-3〉：以「圖像 1.圖片」作為初始預設圖片

## 畫面編排

於「元件面板」中的「社交應用」類別，增加一個「撥號清單選擇器」和兩個「聯絡人選擇器」。如此元件種類較多，為了和「按鈕」和「電話撥號器」相對應，先在「元件清單」下方的「重新命名」功能，將「撥號清單選擇器 1」改為「撥號清單選擇器 2」（配合對應按鈕 2）；「連絡人選擇器 1」改為「連絡人選擇器 3」、「連絡人選擇器 2」改為「連絡人選擇器 4」（配合對應按鈕 3、按鈕 4）〈圖 2-5-4〉。另外，這裡新增的元件都是輔助使用，雖然最終是不可視元件，但是為了調整其於「元件清單」的順序，所以先將相關元件的「可見性」屬性勾選，才能於「工作面板」中以拖曳方式改變上下位置，最後再將這些元件的「可見性」取消勾選。

除此之外，於「元件清單」中將目前沒用到的「簡訊」元件刪除。

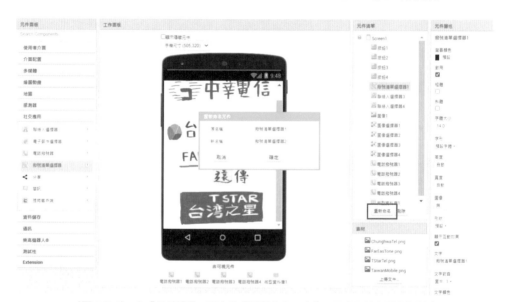

〈圖 2-5-4〉：在「元件清單」下方的「重新命名」功能，更改元件名稱方便對應

## 程式設計

這一節的畫面編排，我們先延用上一節的架構。在程式設計的部分，誠如本節一開始所言，「按鈕長按後執行……」這個句型，經過本章先前的歷練，讀者應該較為熟悉了，現在直接將「撥號清單選擇器」和「聯絡人選擇器」加入程式方塊組合。

接下來的步驟，稍微考驗目前所累積的程式設計實力。如〈圖 2.5-5〉，撥號清單選擇器和聯絡人選擇器都可以設定電話號碼，但兩者有所差異，撥號清單選擇器可選擇「同一連絡人的多組號碼其中之一」，聯絡人選擇器只顯示「連絡人」，不能選擇號碼，App Inventor 會將選取號碼設定為該連絡人的預設電話號碼。

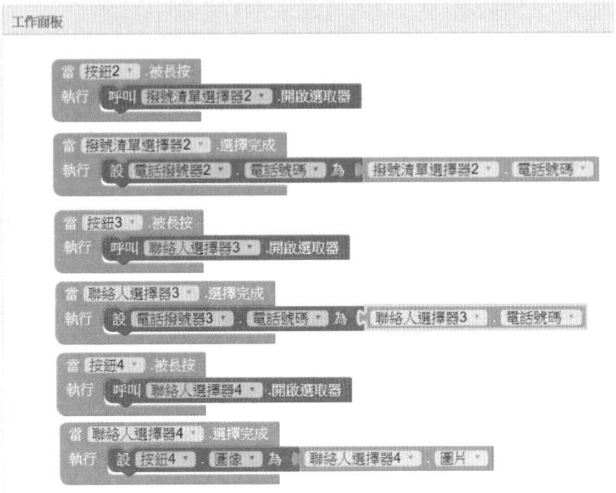

〈圖 2.5-5〉：將各按鈕被長按的方塊組合，並將撥號清單選擇器、聯絡人選擇器加入

上個步驟雖然完成了長按執行程式，但依照先前經驗，同樣會有初始設定呈現空白和資料儲存的問題，不過由於已經有經驗了，我們可以如〈圖 2.5-6〉的操作所示來組合方塊。

在此要特別說明一點：在「Screen1. 初始化」中〈圖 2-5-6〉，「按鈕1. 圖像」的「無標籤時之回傳值」為「圖像 1. 圖片」，這是另外以圖像元件作為初始圖片，不過如同在「按鈕 4. 圖像」的「無標籤時之回傳值」是設定為「按鈕 4. 圖像」，其實因為在按鈕 4 本身就有上傳圖片作為元件屬性，因此其實是可以不用再特別引用圖像元件的。

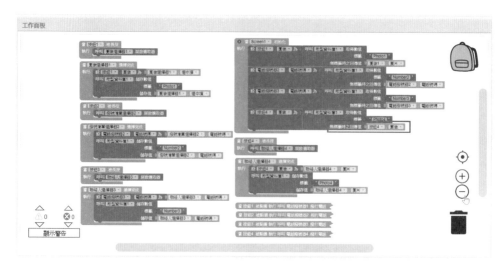

〈圖 2-5-6〉：按鈕 4 的元件屬性已具備對應的圖片，因此可以不用再特別引用圖像元件

::::: **Memo** ::::::::::::::::::::::::::::::::::::::::::::::::::::::::::::::::

　　當程式方塊較多時，可以藉由右下角的「＋、－」加號、減號，來調整工作面板的縮放比例，下圖便是將比例縮小以便完整呈現的情形。

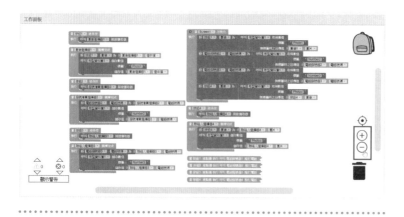

　　有些程式應用相關的書籍，著重於將已完成的代碼介紹給讀者，偏向解決複雜問題或更為技巧性的代碼寫法。不過 App Inventor 本來就是為了程式素人所開發的，這本書也是為以前沒有接觸過程式設計的讀者而寫的，所以，如同這一章所示，每個小節中間會把可能出現問題的程式方塊組合跟各位分享，幫助讀者更為紮實的累積程式經驗。

# Chapter 3

## 專案練習 2：
## 音樂播放器（基礎）

▼ **你將學會——**

- 熟悉應用元件面版中的介面配置
- 以螢幕寬度作為圖片的相對水平垂直配置
- 以表格配置設計等距絕對大小的按鈕布局
- 設定合併文字變數測試手機長寬像素
- 計算比例設定圖片及按鈕相對大小
- 設定音樂播放器元件執行播放
- 建立音樂曲目清單依序播放
- 邏輯判斷控制播放流程及專輯圖片
- 瞭解程式設計中自動顯示警告作用
- 螢幕畫面直向橫向布局轉換

## ▶ 3-1 認識介面布局的基本元件

搭配專案檔：ZanzanMusic_v1

　　App Inventor 除了自己學習開發並且使用外，本質上更是想要分享給所有安卓手機裝置持有者使用，前兩章我們成功設計出具備特定功能的 APP，雖然可以使用，但對於外部使用者而言，介面的設計仍不夠直覺。因此，有必要設計一套親切舒服、容易上手的使用者介面。本章即以手機基本功能——「音樂播放」為例，介紹以 App Inventor 如何達成。

萬事起頭難，可以觀察一下目前受歡迎的介面，作為自己設計時的範本參考，不但是站在巨人的肩膀上，相信也是對於自己程式設計功力的肯定。那麼我們就開始吧！

如〈圖 3-1-1〉所示，左邊為蘋果 iPhone XS Max OS 12.4 音樂播放應用程式，右邊為小米 Mi9 MIUI 10.2.31 的音樂播放應用程式，兩者都有的元素是「一張專輯圖片、幾個基本的按鈕圖標」。

〈圖 3-1-1〉：左為蘋果的音樂播放程式；右為小米的音樂播放程式，
上圖擷取自作者本人之手機螢幕畫面

按鈕圖標（即「播放」、「上一首」、「下一首」、「暫停」）有很多種取得方法，其中之一是利用辦公室最普遍常用的 Excel 繪圖工具，就能立即製作出來〈圖 3-1-2〉。

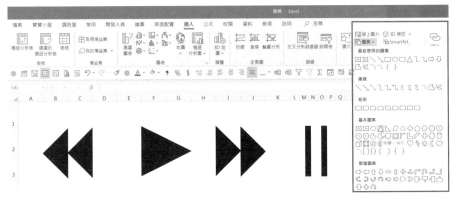

〈圖 3-1-2〉：按鈕圖標可以利用 Excel 製作

## 畫面編排

現在前往 App Inventor 網站，新建一個名為「ZanzanMusic」的專案，於「元件面板」的「介面配置」（關於設計使用者介面的元件集成），將「水平配置」元件加入到「工作面板」〈圖 3-1-3〉中，水平配置元件可以讓放置其中的元件自左向右水平排列。在此打算模仿前面步驟所觀察到的 APP 布局，將播放按鈕都放在同一個框框裡水平排列呈現。

〈圖 3-1-3〉：將「水平配置」元件拖曳到「工作面板」中

　　除了播放按鈕，還希望專輯圖片置於正中央，如此可以先想像，需要一個和螢幕一樣大的框架，在此框架內，有一個置中的「專輯相片框」，在相片框下是「一列水平排列的圖標」，所以總共三個框架：一個和螢幕等大框架之中，有一個「專輯相片框」和一個「水平排列的圖標框」〈圖 3-1-4〉。

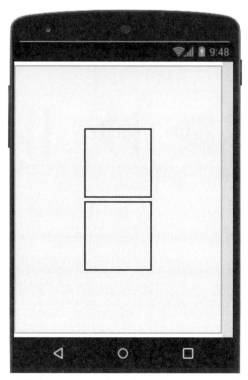

〈圖 3-1-4〉：一個和螢幕等大的框架裡，裝有「一個專輯相片框」與「一列水平排列圖標」

　　現在，先拖曳一個「水平配置」元件，再拖曳一個「垂直配置」元件，然後在「工作面板」中，將「水平配置」拉到「垂直配置」裡，如此就實現了兩層框架。仔細看「元件清單」的樹狀結構，加上最底層的「Screen1」，就是三層框架了〈圖 3-1-5〉。像這樣「框架、層次、父子」的概念，是在設計程式介面時的思考邏輯，讀者如果有網頁排版設計的經驗，會發現兩者在本質上是相同的，差別在於操作實現的方法不同而已。App Inventor 注重簡便性，所以排版方式十分直覺。

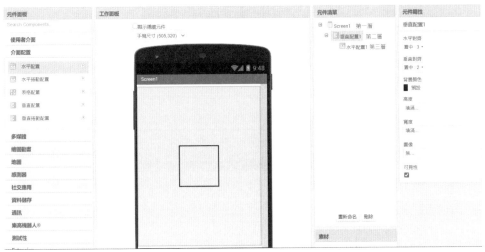

〈圖 3-1-5〉：三層框架與相對位置設定

除了框架間的層次關係，另外一個是元件的大小，這就要透過「元件屬性」來作設定。

如上圖所示，將「垂直配置」元件的屬性「**水平對齊**」設定為「置中：3」、「**垂直對齊**」設定為「置中：2」，這部分是調整「垂直配置1」元件相對於其上層框架（「Screen1」元件）的位置。

此外，「垂直配置」元件屬性中還有「高度」、「寬度」兩個屬性，其中各自有「自動、填滿、像素、比例」可調整，這部分則是該元件（水平配置1）本身的大小設定。

::::: **Memo** :::::::::::::::::::::::::::::::::::::::::::::::::::::::::

**水平對齊**：當欲布局之元件的寬度超過編排元件寬度時，可以指定水平對齊的方式，屬性值可以自行設定是靠左、置中或靠右。

**垂直對齊**：當欲布局之元件的高度超過編排元件高度時，可以指定垂直對齊的方式，屬性值可以自行設定是靠上、置中或靠下。

〈圖 3-1-1〉 左側的 iPhone XS Max OS 12.4 音樂播放應用程式，專輯圖片顯然是正方形，看起來似乎簡單，但當我們也想將 Andriod 的「ZanzanMusic」專輯圖片（「水平配置 1」）也設定為正方形時，讀者應該很快會發現屬性高度和寬度中的「自動」、「填滿」、「像素」、「比例」四個選項都不太適合，似乎只要把高度、寬度的「像素」設定為相同即可，但我們都知道手機螢幕的尺寸有各種規格，當畫面編排固定了高與寬，就會造成不同手機的使用體驗有異，可能在大手機上看起來圖片太小、小手機上的圖片則無法完整顯示。

所幸，目前市面上的手機尺寸大多都是高寬比接近 2:1 的，利用這個特性，可以先得到螢幕的寬度，然後再將專輯圖片（水平配置 1）的高寬都設定等同於螢幕寬度〈圖 3-1-6〉，就能解決問題。

也就是，不經由「畫面編排」介面的設定鎖死圖片的顯示比例，改以呈現方式較為彈性的「程式設計」來達成。

## 程式設計

組合「螢幕初始化」（當 Screen1. 初始化）方塊 < 圖 3-1-6>。

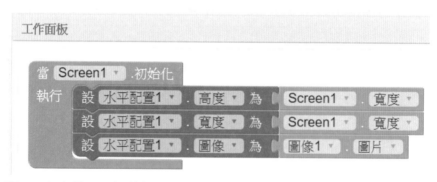

〈圖 3-1-6〉：打開 APP 時，就會看到高、寬度都等同於螢幕寬度的專輯圖片（「水平配置 1」）

從本書 Chapter1 到上一個步驟為止，皆是以操作步驟截圖來說明元件屬性的設定，但隨著程式範例越來越複雜，顯然不完全可行。在此增加以表列的方式描述各元件屬性〈表 3-1-7〉，讀者在畫面編排介面可以按照下表分別為每項元件進行屬性設定。

| 元件類別 | 專案元件 | 初始名稱 | 設定名稱 | 元件屬性 | 屬性設定 |
|---|---|---|---|---|---|
| | 初始螢幕 | Screen1 | Screen1 | 水平對齊 | 置中：3 |
| | | | | 垂直對齊 | 置中：2 |
| | | | | 標題顯示 | 否 |
| 使用者界面 | 圖像 | 圖像1 | 圖像1 | 圖片 | zanzancat1.jpg |
| 介面配置 | 垂直配置 | 垂直配置1 | 垂直配置1 | 水平對齊 | 置中：3 |
| | | | | 垂直對齊 | 置中：2 |
| | | | | 高度 | 填滿 |
| | | | | 寬度 | 填滿 |
| 介面配置 | 水平配置 | 水平配置1 | 水平配置1 | 水平對齊 | 置中：3 |
| | | | | 垂直對齊 | 置中：2 |
| | | | | 高度 | 自動 |
| | | | | 寬度 | 自動 |

〈表 3-1-7〉：各元件屬性以表格方式呈現

〈圖 3-1-8〉：手機模擬測試 OK

## 驗證執行

手機模擬測試，一如預期〈圖 3-1-8〉！

這一節花了些篇幅介紹在 App Inventor 如何設計介面，用到了諸如「水平配置、垂直配置」元件以及「層次框架、螢幕寬度」等概念與技巧，最終得到一個相對置中對齊的圖片，距離一開始想設計的音樂播放介面，似乎仍有一大段距離。

從這裡可以瞭解到程式設計不是一步登天，雖然「萬事起頭難」，一旦跨出了第一步，接下來要再繼續延伸發展，困難度就會降低，下一節開始，讀者就能有此體會。

## 3-2 手機像素測試

搭配專案檔：ZanzanMusic_v2A、ZanzanMusic_v2B

### ▌畫面編排

上一節介紹元件面板中的「介面配置」，示範使用了「水平配置」、「垂直配置」，並且成功藉由等同於螢幕寬度的方式，解決不同手機尺寸的困擾。然而，除了手機尺寸不同，在同一介面上通常會有好幾個按鈕和圖標，想要整齊美觀地進行多按鈕圖標布局，必須應用本節即將介紹的「表格配置」元件。

我們觀察到在音樂播放器介面中，「上一首、播放、下一首」三個按鈕是水平布置在同一個高度上、分散均勻地隔開，看起來相當清爽。如果想要也設計出像這樣的布局，有兩種辦法：方法一，和上一節類似，先計算手機螢幕的寬度，然後分別設定三個按鈕寬度和間隔距離；方法二，既然有三個按鈕、按鈕左右會有四個間隔，可以想像總共就是有七個格子，在手機螢幕下方放置一個長條，長條裡平均分割成一行七列的表格，然後把三個按鈕放在第 2、4、6 的格子上，同樣可以達到目的。

現在以上述第二種方法來執行，於「元件面板」中的「介面配置」，先再拉三個「水平配置」元件到上一節的「垂直配置」元件下面〈圖 3-2-1〉，這裡等於沿用上一節的觀念，垂直地將手機螢幕分開四個區段，預計把專輯圖片放在第一段、按鈕放在第三段。

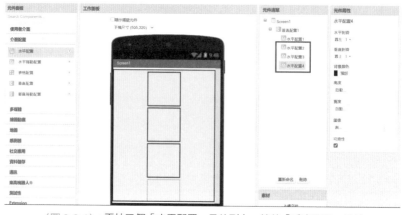

〈圖 3-2-1〉：再拉三個「水平配置」元件到上一節的「垂直配置」元件

接著，在「水平配置 3」中放入「表格配置 1」〈圖 3-2-2〉，在「表格配置 1」中依序再放入四個「標籤」、三個「按鈕」〈圖 3-2-3〉，即實現上一段的一行七列表格布局。

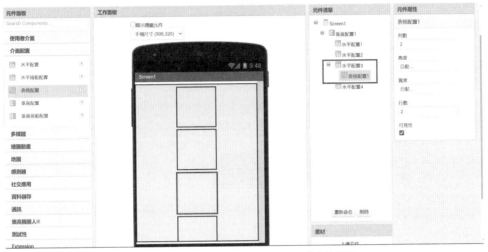

〈圖 3-2-2〉：「水平配置 3」元件中放入「表格配置 1」

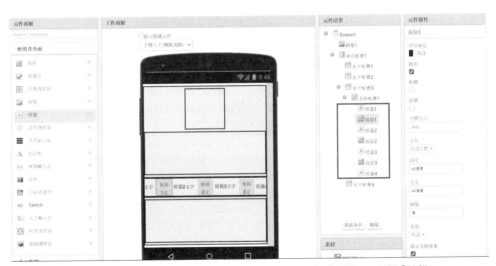

〈圖 3-2-3〉：在「表格配置 1」元件中，依序再放入四個「標籤」、三個「按鈕」

如〈圖3-2-4〉所示，App Inventor 關於表格配置的說明：「放在本元件中的元件按照表格方式排列（行數列數可自訂）」，相信經過本節範例簡單操作，讀者會越來越理解表格配置的作用。有了介面布局之後，接著將測試用的圖片上傳至「水平配置2、4」及「按鈕1、2、3」的「圖像」屬性中，可以看到 App Inventor 會自動調整適應圖片的長寬比例，在正方形的表格中，圖片便是正常顯示，在上下的水平配置中，圖片便會被拉長扭曲。從這個角度也可以見得 APP 介面配置的重要性。

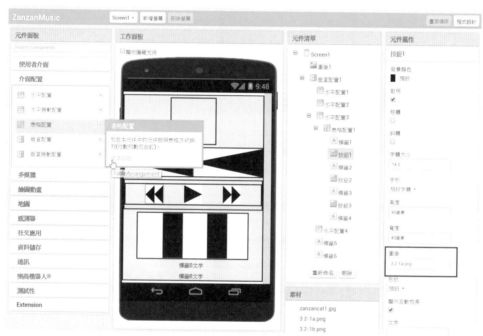

〈圖 3-2-4〉：App Inventor 會自動調整適應圖片的長寬比例

沿用上一節的元件屬性清單，同樣把重點元件的屬性設定列出供讀者參考〈表3-2-5〉，隨著本書 APP 越來越複雜，請讀者參考專案檔練習，下表中的「標籤2～標籤4」、「按鈕2～按鈕3」不特別說明。另外注意上個步驟中，最下方有「標籤5」和「標籤6」，於目前的專案中僅作為測驗，其屬性皆為預設值，沒有特別設置，在這裡也就不再列為清單說明。

| 元件類別 | 專案元件 | 初始名稱 | 設定名稱 | 元件屬性 | 屬性設定 |
|---|---|---|---|---|---|
| 介面配置 | 水平配置 | 水平配置2 | 水平配置2 | 水平對齊<br>垂直對齊<br>高度<br>寬度<br>圖像 | 靠左：1<br>靠上：1<br>15比例<br>填滿<br>3.2-1a.png |
| 介面配置 | 水平配置 | 水平配置3 | 水平配置3 | 水平對齊<br>垂直對齊<br>高度<br>寬度 | 置中：3<br>置中：2<br>15比例<br>填滿 |
| 介面配置 | 表格配置 | 表格配置1 | 表格配置1 | 列數<br>行數 | 7<br>1 |
| 使用者界面 | 標籤 | 標籤1 | 標籤1 | 高度<br>寬度<br>文字 | 40像素<br>40像素 |
| 使用者界面 | 按鈕 | 按鈕1 | 按鈕1 | 高度<br>寬度<br>圖像<br>文字 | 40像素<br>40像素<br>3.2-1a.png |
| 介面配置 | 水平配置 | 水平配置4 | 水平配置4 | 水平對齊<br>垂直對齊<br>高度<br>寬度<br>圖像 | 靠左：1<br>靠上：1<br>自動<br>250像素<br>3.2-1d.png |

〈表 3-2-5〉：各項元件屬性列表，完整設定請見專案檔

　　特別要提出來的，是把「表格配置1」中的所有標籤按鈕的「高度」及「寬度」都設定為「40像素」，如〈圖 3-2-5〉所示，在這裡是用絕對值的方式，強制將每個表格元件（框框）設定為正方形，另外要注意的是必須把每個標籤按鈕的「文字」屬性清空，畫面上才不會出現多餘的文字。

## █ 程式設計

在我們認識了「畫面編排」中的「介面配置」這個重要元件，現在要轉換到「程式設計」頁面，介紹另一個重要工具：變數。

國中數學都有接觸過「二元一次方程式」，每個方程式一開始都是設「x、y」為變數，依照題目不同，這些變數代表不同的東西，例如可能是不同動物的數量（例如雞兔同籠的問題），或是距離（計算兩人相遇時各走了多遠）等。在學習方程式的過程中，設 x、y 變數，不但能大大提高解題的方便性和效率性，也能增進對於抽象數學的理解，而設定「變數」在程式設計中也有異曲同工的作用。

以 App Inventor 這一節專案來說，將「方塊」中「內件方塊」的「變數」點開〈圖 3-2-6〉，第一個便是「初始化全域變數（變數名）為」，其說明為「建立**全域變數**，並透過連接的程式方塊來設定初始值」，在前兩章的基礎上，現在建立起 x、y 兩個變數，「螢幕寬度」（x）為「Screen1」的「寬度」、「螢幕高度」（y）為「Screen1」的「高度」，這樣的變數設定，反映了上一節的介面布局思維。

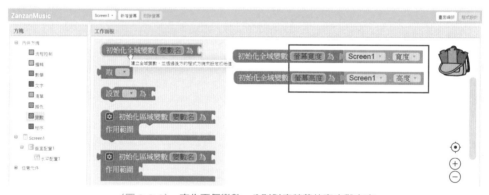

〈圖 3-2-6〉：宣告兩個變數，分別對應螢幕的寬度與高度

::::: **Memo** ::::::::::::::::::::::::::::::::::::::::::::::::::::::::::::::::::::::::::::

**全域變數**：所謂的全域變數（global variables），是 App Inventor 專案拼塊程式編輯器中的所有拼塊程式都能夠進行存取的變數，屬於獨立拼塊。

接下來再使用「內件方塊」中的「文字」方塊，第一個方塊可以直接「輸入文字內容」，第二個方塊可以「合併所有輸入項為同一個文字」。

〈圖 3-2-7〉

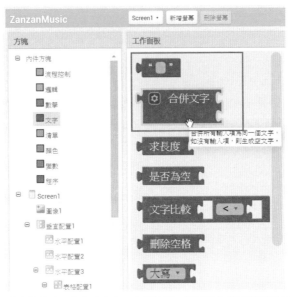

〈圖 3-2-7〉：展開「內件方塊」中的「文字」方塊抽屜，接下來會使用到紅框中這兩種方塊來組合

接著將「標籤 5」和「標籤 6」的「文字」屬性設定為「合併文字」，此合併文字第一段為直接輸入的文字方塊（「手機高度為」），第二段為變數引用（「取 global 螢幕高度」），其作用在下一頁會顯示出來。〈圖 3-2-8〉

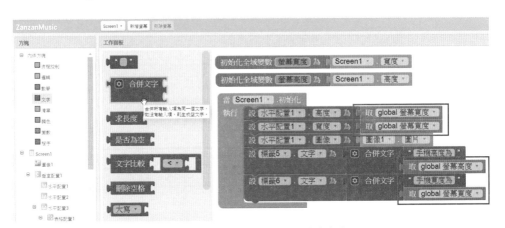

〈圖 3-2-8〉：使用合併文字組合程式方塊

## ▍驗證執行

實際在手機模擬測試，除了上一節所學的將圖片置中，扭曲的按鈕圖片和正常的按鈕圖片一如預期〈圖 3-2-9〉，由於剛剛替「標籤 5」及「標籤 6」設定了變數的緣故，在螢幕最下方還可以看到「手機高度為 632」和「手機 度為 319」，如此一來就能準確了解手機的長、寬以及其比例約為 2:1。另外本節中，「表格配置」元件裡的「標籤、按鈕」的高、寬都設定為 40 像素，總寬度為 40 X 7 ＝ 280，同時也確認沒有超出本款手機的寬度。

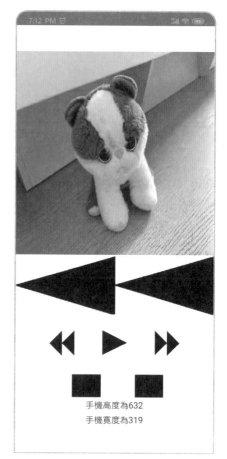

〈圖 3-2-9〉：在運用「變數」後，得知手機長寬比為 2:1

以下步驟請參考專案檔：ZanzanMusic_v2B

變數除了是「文字」或「文字合併」之外，可想見還有可能是數字的計算，所以在「內件方塊」也有一類是「數學」。以這一節的專案為例，由於各款安卓手機的螢幕大小比例不同，若某款手機螢幕寬度小於 280，則畫面顯示就會出現問題，所以我們要將標籤按鈕的寬度，由絕對值（40 像素）更改成相對值（Screen1. 寬度 /8），在這裡因為總共有三個圖標按鈕、四個間隔標籤，由於按鈕本身也要設定寬度，所以不以 1/7，而是統一以 1/8 作為正方形邊長，如此一來在手機上所顯示的三個按鈕（上一首、播放、下一首），就會是置中而分散對齊。

前面兩章在專案的每個設計階段都有詳盡步驟的圖文說明，不過隨著所介紹的專案益加複雜，所以無法每一步都操作示範，就如同〈表3-2-5〉所述。以表列清單的方法說明。

另外先前圖片都是填滿整個手機寬度，其實在真正的 APP 中比較少看到全螢幕佔滿的情況，多半留有間隔較為美觀。因此我將「圖片寬度」設定為「screen1.寬度 ×0.8」，至於讀者若想使用「寬度 ×0.7」或其他比例，都是可以依需求調整的。

## 程式設計

本小節的最後是編寫「Screen1.初始化」事件〈圖3-2-10〉，讓 APP 在啟動時即設定好各按鈕標籤圖片的布局，這裡重點是高度和寬度不再取絕對值，而是採取「變數值」的方法，如此一來不但可以使 APP 自動適應不同手機尺寸。其次，在程式架構上更有邏輯性及效率性，舉例而言，假設往後想再修改介面布局，只要將變數設定進行修改，就能夠全局地進行調整高度和寬度，比如說把「/8」、「×0.8」改成「/6」、「×0.6」）。

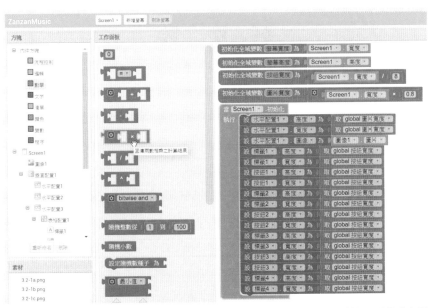

〈圖3-2-10〉：使用變數的好處是，在任何手機上都能以恰當的介面布局執行，且修改方便

## ▍驗證執行

在手機模擬測試〈圖 3-2-11〉，除了「播放進度條」的部分本書尚未教學，其餘已經和本章第一節的目標介面十分接近。

〈圖 3-2-11〉：手機測試正常

本章到目前為止，已介紹 App Inventor 中關於介面配置的重要元件如何使用。想要成功設計出符合一般手機 APP 的操作介面，重點就在於各區塊元件的相對大小以及表格配置。所以，讀者們便可以想見常用的 APP，例如照片、電話、簡訊、筆記等等，在布局上可能風格模組不同、複雜程度不同，但在本章第一節和第二節的基礎上，是可以發揮延伸出來的。

本書接下來會陸續介紹不同面向的 APP 應用，同時也會分享相關的介面配置設計。期許讀者也可以開始規劃自己心目中最理想的 APP 模樣！

## 3-3 建立音樂播放清單

搭配專案檔：ZanzanMusic_v3

本章主題是設計音樂播放器 APP。在前面 3-1、3-2 兩個小節都是介紹如何布局操作介面，這一節開始進入核心主題：於 App Inventor 執行音樂播放。在介面中「上一首」和「下一首」的按鈕是不可或缺的，要實現其功能，會涉及到 APP 資料的編號及排序，因此在這一小節將介紹在程式設計中，關於「資料處理」最重要的一個概念，於 App Inventor 則是內件方塊之一的：**清單**。

:::: **Memo** ::::::::::::::::::::::::::::::::::::::::::::::::::::::::::::::

清單：所謂的清單，同樣也是變數的一種，在使用前要先做宣告。

## 畫面編排

在「元件面板」中，拖曳「多媒體」裡的「音樂播放器」到「工作面板」〈圖 3-3-1〉。參考關於這個元件的說明〈圖 3-3-1.1〉，其主要功能是播放音訊、控制手機震動，可用來源屬性定義音訊來源，另外則是說明可使用的媒體格式，以及「音樂播放器」與「音效」元件間的差別。

〈圖 3-3-1.1〉：拖曳「多媒體」裡的「音樂播放器」到「工作面板」　　〈圖 3-3-1.2〉：「音樂播放器」元件的詳細解說

於程式設計中，設定當按鈕被點選時〈圖3-3-2〉，執行音樂播放器來源音訊及開始播放，如此就能實現音樂播放的最基本功能。建議讀者在此時參考1-5第32～35頁，並且透過 AI Companion 或 USB 連線，在自己的手機按一下中間的三角形按鈕，手機應該會發出一聲貓叫。

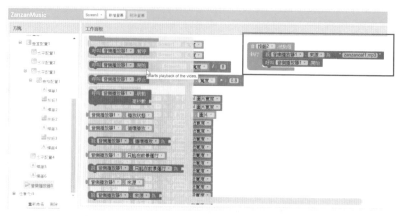

〈圖 3-3-2〉：模擬測試時會聽到手機傳出一聲貓叫

雖然上一步驟成功的在按下按鈕後發出聲音，但通常會有好多首歌曲，所以當我們按右邊的「下一首」圖標、左邊的「上一首」圖標，程式就會依所指定的順序來播放。要達到這樣功能，首先要建立一個音樂資料庫，裡面必須有編好號碼順序的歌曲資源，如此才有可能實現播放上一首、下一首的效果。這個在 App Inventor 便是「內件方塊」裡「清單」方塊的功能。現在，添加一個「建立清單」方塊，如〈圖3-3-3〉所示，在此預計搭配上一小節學習到的「變數」方塊，建立出一個名為「音樂庫」的歌曲清單。

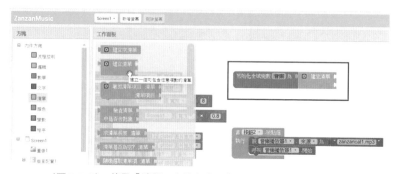

〈圖 3-3-3〉：使用「清單」方塊來實現上一首、下一首的播放方法

　　上個步驟的「建立清單」方塊有兩個凹槽，實務上真的要建立一個資料庫，裡面包含了照片、聯絡人、音樂、文件等，可想見資料個數都會是超過兩個甚至是一長串，從方塊表面上看不出來如何設置第三個以上的項目，其實只要點選方塊上面齒輪形狀的圖標〈圖 3-3-4-1〉，便會跳出一個輔助浮窗，將游標移到「清單項」方塊，此時按住滑鼠左鍵，將其拖曳到輔助浮窗右邊的「清單」方塊〈圖 3-3-4-2〉，如此可看到不但視窗內的「清單項」增加了一個，成為三個清單項，在和變數方塊嵌合的「建立清單」方塊也出現了第三個凹槽〈圖 3-3-4-3〉。

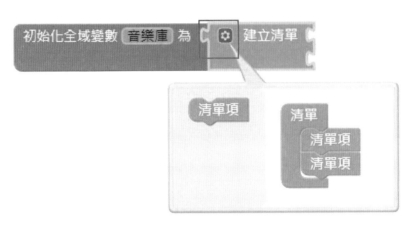

〈圖 3-3-4-1〉：點選齒輪形狀的圖標，便會跳出一個輔助浮窗

〈圖 3-3-4-2〉&〈圖 3-3-4-3〉：按住滑鼠左鍵將「清單項」拖曳到視窗右邊的「清單」方塊

在上個步驟的基礎上，終於要開始在 App Inventor 建立資料庫，如〈圖 3-3-5〉所示，於「初始化全域變數（音樂庫）為建立清單」添加三個文字方塊：「zanzancat1.mp3」、「zanzandog2.mp3」、「zanzandeer3.mp3」，這裡合併應用「變數」、「清單」、「文字」三種內件方塊。注意到這裡是直接於文字方塊中輸入多媒體檔案名稱，只要在「畫面編排」的「素材」裡上傳這些檔案，在「程式設計」的清單就能自動讀取該資料。

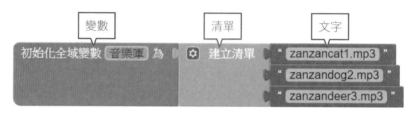

〈圖 3-3-5〉：此處合併應用「變數」、「清單」、「文字」三種內件方塊

建立有順序的清單資料庫之後，終於可以實現本節一開始所謂的「播放下一首」按鈕功能。具體設置如下所示〈圖 3-3-6-1〉：除了資料庫外，再建立一個「音樂曲目」變數，利用「內件方塊」中的「數學」將此變數值預設為「1」。如果「按鈕 3」（下一首）被點選，則音樂曲目為 N+1，接著再設定「音樂播放器 1. 來源」為清單中的索引項目，也就達成了第一次按下「下一首」的時候，便是 1 + 1 = 2，亦即播放第一首的下一首：第二首。

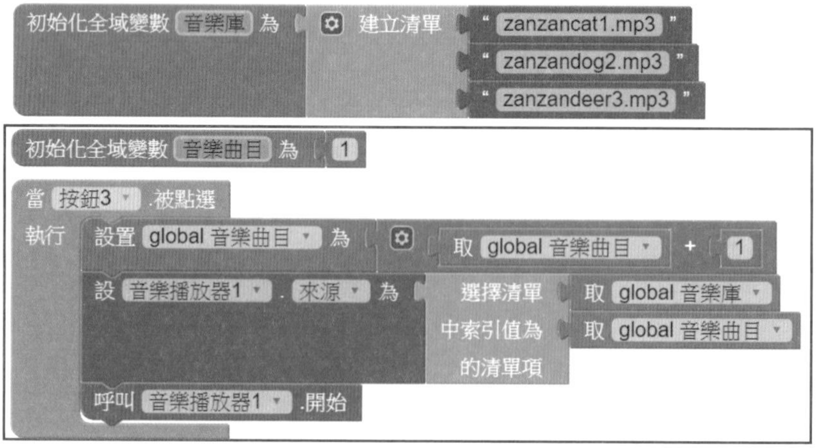

〈圖 3-3-6-1〉：第一次按「下一首」時，便是 1 + 1 = 2，亦即播第一首的下一首：第二首

而「當按鈕2.被點選」（代表按下「播放」），則是播放目前曲目，由程式架構可知，尚未點選按鈕3前，按鈕2是播放第一首，點選按鈕3之後，播放第二首，依此順序執行〈圖3-3-6.2〉。

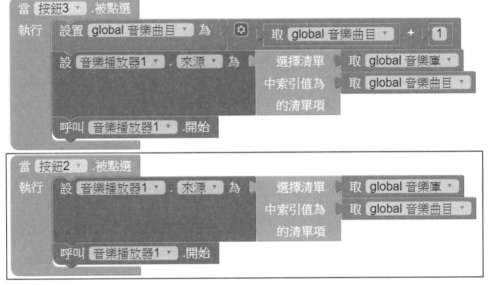

〈圖3-3-6.2〉：當按下「按鈕2」時，就會播放當前曲目

實際於手機模擬測試，按了兩次下一首，可以正常播放第三首音樂：「zanzandeer3.mp3」，但如果再按一次下一首，會跳出如下的錯誤訊息：「Attempt to get item number 4 of a list of length 3」〈圖3-3-7.1〉&〈圖3-3-7.2〉，意思是清單裡僅有三項，因此可想而知，代表當N＋1＝3＋1＝4時，App Inventor沒辦法得到第四個項目資料，就會跳出錯誤提示訊息。關於這個錯誤的解決設計，將於於下一節繼續介紹。

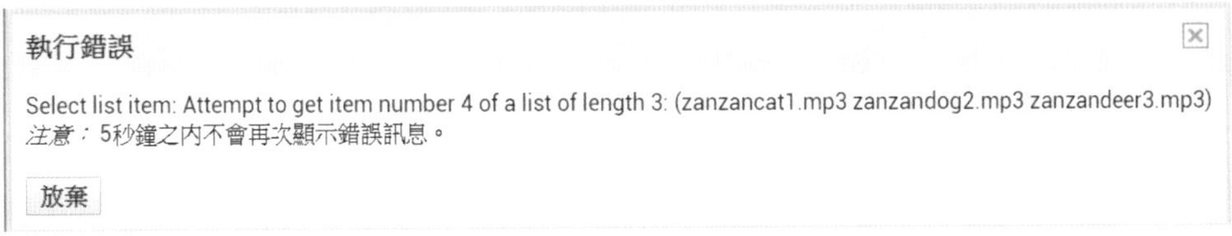

**執行錯誤** ☒

Select list item: Attempt to get item number 4 of a list of length 3: (zanzancat1.mp3 zanzandog2.mp3 zanzandeer3.mp3)
注意：5秒鐘之內不會再次顯示錯誤訊息。

放棄

〈圖3-3-7.1〉：由於清單裡只有三項資料，沒有第四首的資料，因此會跳出錯誤提示訊息。

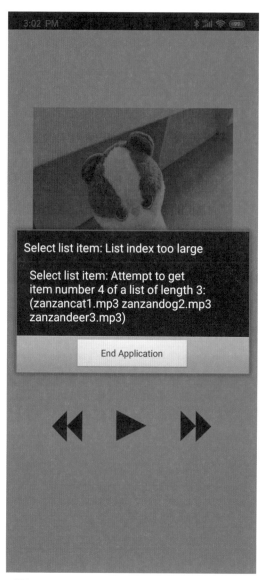

Select list item: List index too large

Select list item: Attempt to get item number 4 of a list of length 3: (zanzancat1.mp3 zanzandog2.mp3 zanzandeer3.mp3)

End Application

〈圖 3-3-7.2〉：檢視手機模擬測的畫面時，同樣出現錯誤提示訊息

　　普遍使用的音樂播放 APP 中，要將「播放下一首」的按鈕功能在程式設計上實現，必須先將兩項以上的音樂檔案建立為資料庫清單，每項資料有相對應的內容、編號或者代號，就能以類似 N=N+1 的數學等差數列控制目前所選取的項目，依照順序一一執行播放。

　　本書到本小節為止都是處理少量的資料，不過在這一節開始引進**資料庫處理**的概念，準備好將 APP Inventor 所處理的資料量擴充了，往後章節會以這一節的概念作為基礎，繼續延伸這方面程式設計的能力。

::: **Memo** ::::::::::::::::::::::::::::::::::::::::::::::::

資料庫處理：指的是能對資料進行「新增、刪除、修改、查詢」。

## 3-4 播放曲目同時更新對應專輯圖片

搭配專案檔：ZanzanMusic_v4

### 程式設計

在上一節雖然實現了「播放下一首」的功能，但是如果已經執行到資料庫的最後一項，當程式嘗試再播放「下一首」時，顯然會導致錯誤。可以想見，使用者的需求是：如果已經播放到最後一首，那麼就再跳到第一首重新開始。這一節就是要教大家如何設定好「下一首」按鈕的執行機制。必須讓程式可以進行判斷，並非是要程式自主學習，而是必須把開發者的思維寫進程式裡，也是這一節介紹的重點：邏輯命題與流程控制。

這一節會開始使用到四種類型的內件方塊，分別為「流程控制」中的「如果……則……」〈圖 3-4-1.1〉、「數學」中的「……＝……」〈圖 3-4-1.2〉、「清單」中的「求清單長度 清單……」〈圖 3-4-1.3〉、「變數」中的「設置……為……」〈圖 3-4-1.4〉。

〈圖 3-4-1.1〉：「流程控制」中的「如果……則……」方塊

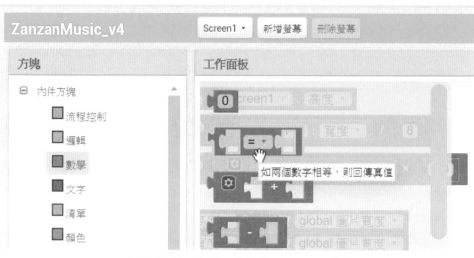

〈圖 3-4-1.2〉：「數學」中的「……＝……」方塊

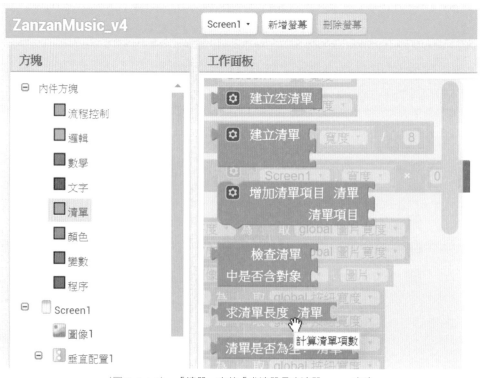

〈圖 3-4-1.3〉：「清單」中的「求清單長度清單……」方塊

〈圖 3-4-1.4〉:「變數」中的「設置……為……」方塊

把上個步驟四種方塊組合在一起如〈圖 3-4-2〉:「如果取 global 音樂曲目＞求清單長度清單取 global 音樂庫,則設置 global 音樂曲目為 1」,在需要設置參數的地方,例如截圖所示的「global 音樂庫」,只要下拉選取即可〈圖 3-4-2〉,如此即完成「當正在播放資料庫的最後一首歌曲,使用者按下『下一首』按鈕時,程式即會回到播放第一首」的程式方塊集。

〈圖 3-4-2〉:完成「下一首」按鈕的功能

　　其實 App Inventor 原始用意就是以圖形化方塊呈現程式設計，所以在本書前兩章的基礎上，讀者可以找出方塊並且加以組合，而且組合之後也很容易從「拼塊」的過程瞭解程式如何運作，而隨著「程式設計」介面日益複雜，在此也以表列說明示範，讓讀者更加清楚上述四種方塊的用途。下方〈圖 3-4-3〉為以表列方式呈現上個步驟的程式方塊組合意義。

| 方塊類別 | 專案方塊 | 專案事件 | 輔助說明 | 參數設置 | 程式設計 |
|---|---|---|---|---|---|
| 內建方塊 | 流程控制 | 如果...則... | 如果值為真，則執行「則」內的程式方塊 | global音樂曲目 | 當N+1已經大於資料庫項目個數 |
| 內建方塊 | 數學 | ... = ... | 如果兩個數字相等，則回傳真值 | 大於 | 判斷目前音樂曲目是否大於某數字 |
| 內建方塊 | 清單 | 求清單長度 清單 | 計算清單項數 | global音樂庫 | 清單的項目個數 |
| 內建方塊 | 變數 | 設置...為... | 設變數值等於輸入項 | global音樂曲目；1 | 將音樂曲目設置為1 |

〈圖 3-4-3〉：各個元件屬件的設定

　　成功設計完「下一首」按鈕的方塊集之後，操作介面還剩「上一首」按鈕尚未設置。首先可以預想，「上一首」的設計思維應該會和下一首非常類似，因此先在「按鈕3」方塊上按滑鼠右鍵，選擇「複製程式方塊」〈圖 3-4-4〉。注意到複製之後，兩個「按鈕3」的組合方塊左上角都有個紅色叉叉，並且左下區域有個「顯示警告」，同樣有個紅色叉叉，旁邊是數字「2」，這是代表兩個「按鈕3」的程式設計是重覆的，App Inventor 在執行程式時會混亂，因為不確定哪個是開發者需要的，通常也沒辦法同樣一個按鈕跑兩次流程，假設真的是兩套程式方塊都要執行，那麼應該讓兩個合併在一起，才是有效的程式方塊組合，換句話說，才是有效的程式設計語言。

〈圖 3-4-4〉：點選「複製程式方塊」後，因為「按鈕 3」的方塊集重複出現，
App Inventor 在執行程式時會混亂，左上角會顯示紅色叉叉符號以提示開發者

　　複製「按鈕 3」方塊集後，我們延用相同架構，稍加修改即可。首先將「按鈕 3」改為「按鈕 1」，設置音樂曲目為「N － 1」，而如果「N ＝ 0」時，將音樂曲目重設為資料清單的最後一項（亦即清單長度），如此即實現「上一首」按鈕的功能〈圖 3-4-5〉。

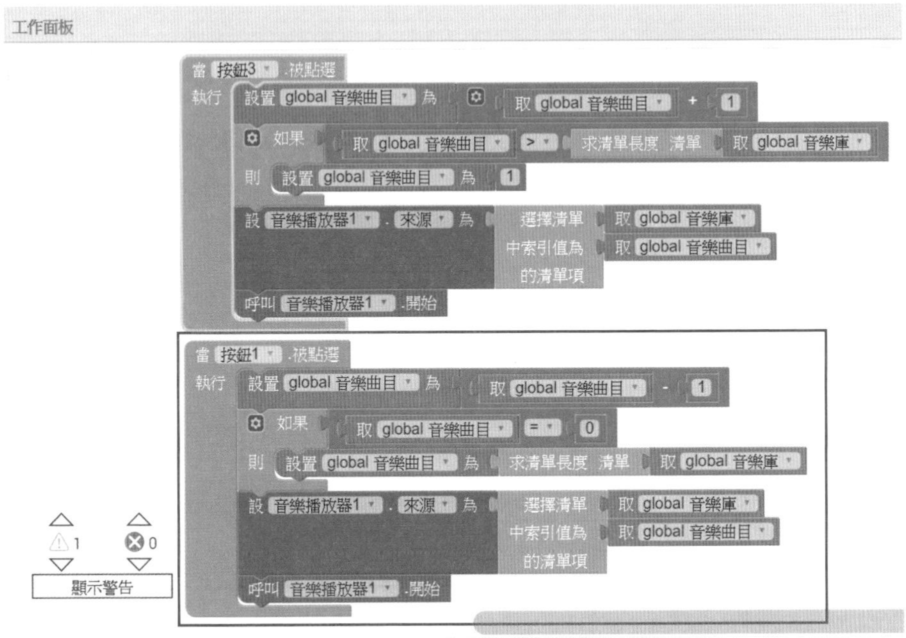

〈圖 3-4-5〉：複製「按鈕 3」後，只要稍加修改就能設定好「按鈕 1」（上一首）的播放邏輯

　　接著，我們仿造第 90 頁〈圖 3-3-5〉的方式，建立「圖片庫」的資料清單，希望達成更換曲目時也更新對應的專輯圖片，同樣有三個項目，同樣是將圖片檔案上傳，並且直接把檔案名稱輸入到文字方塊裡。〈圖 3-4-6〉

〈圖 3-4-6〉：建立起「圖片庫」的資料清單

我們看到〈圖3-4-7〉紅框處，設計程式會選取對應該音樂曲目序的圖片，作為「水平配置1」元件位置的圖像。接著把這個方塊集，插入到上一首（按鈕1）和下一首（按鈕3）的方塊集裡，就達到按下「上一首」、「下一首」，都會依照當前的音樂曲目項次更換對應的圖片。

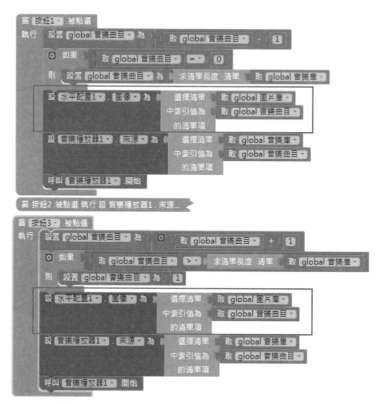

〈圖3-4-7〉：將「水平配置1」的圖像設置為曲目對應的專輯圖片，並組合進當「按鈕1」被點選、當「按鈕3」被點選的程式方塊中

　　本節是在上一節「建立音樂庫清單」和設計「下一首按鈕」程式方塊的基礎上，應用類似的設計架構繼續優化，把「上一首按鈕」和「圖片庫」方塊集加到原有的程式方塊裡，讓這個音樂播放器 APP 更加完整。在設計程式方塊的過程中，如同本節範例所示，可以利用 App Inventor 所提供的滑鼠右鍵指令選項，快速進行程式方塊組合的複製或刪除、拆解、重組，如此都可以大大提昇程式設計的效率。

# 3-5 直橫向畫面切換

搭配專案檔：ZanzanMusic_v5

進入這一小節前，先總結這一章的內容，包括手機程式設計的三個關鍵重點：第一，操作介面佈置；第二，資料清單建立；第三，邏輯流程控制。操作介面的部分，這一章介紹了版塊表格和相對大小，如此已涵蓋了單一螢幕的基本要素，大部分操作介面皆可設計出來。關於資料清單和邏輯流程，本章僅為入門介紹，很多細節需要進一步探討，隨著讀者進入 PART2 的章節後，會學習到更多關於資料清單結合邏輯流程的技巧。

本節最後再補充介紹手機操作介面一定會碰到的課題，即便是陽春簡單的音樂播放器，因應使用者會有垂直和水平螢幕切換顯示的需求，先前範例都是針對垂直螢幕的設計，如果轉換到水平顯示時會出現問題，例如只要將手機橫擺，馬上會發現所有的操作介面設置都亂掉了，如〈圖 3-5-1〉所示。接下來具體介紹如何解決。

〈圖 3-5-1〉：手機螢幕轉換為橫向顯示時，按鈕無法完整顯示在螢幕上

## 畫面編排

前面章節稍微提過，螢幕本身也是 App Inventor 的元件之一，而螢幕方向，便是螢幕的屬性之一。

如〈圖 3-5-2〉所示，「Screen1」為初始螢幕，「螢幕方向」為「元件屬性」之一，其預設值為「未指定方向」，也就是 APP 程式在這方面沒有設定，依照手機狀況進行，另外還有「鎖定直式畫面」、「鎖定橫向畫面」、「根據感測器」、「使用者設定」幾個選項，這裡如果選擇「鎖定橫向畫面」，可想見當執行此 APP 時，手機會自動強制轉換成橫向畫面。

從這裡也可得知，想解決手機橫向介面佈置亂掉的問題，當然可以設置為「鎖定直式畫面」〈圖 3-5-2〉即可，或者如本章 3-2 的方式重新規劃布局，再將元件「水平配置 1」的屬性「可見性」取消勾選〈圖 3-5-3〉，亦即無論橫直向畫面都不再顯示專輯圖片，沒有了圖片佔去位置，「水平配置 1」恢復原有高度，如此按鈕即正常顯示，這是較為簡單快捷的方式。

〈圖 3-5-2〉：在「螢幕方向」屬性可依需求調整

不過既然在前面已經學到許多程式設計的技巧，圖片和按鈕已經可以隨著手機尺寸更改，現在就來學習如何讓介面配置能隨著螢幕方向而變動。

〈圖 3-5-3〉：將元件「水平配置 1」的屬性「可見性」取消勾選，也是一種方式

　　想實現介面布局能隨著螢幕畫面彈性切換，思路上希望達到「直式畫面顯示圖片，橫向畫面不顯示圖片」，主要仍是透過「程式設計」加以實現，而且要加上邏輯判斷的控制流程。

## 程式設計

　　在程式設計部分，會用到「內件方塊」的「邏輯」類別〈圖 3-5-4〉，有邏輯值「真、假、非、＝（等同）、與、或」，注意其顏色皆為綠色，再搭配本章先前章節用過的「流程控制」（黃色）、「數學」（藍色）、「文字」（紫紅色）、「清單」（藍色）、「變數」（橘色）及相關程式範例，可知 App Inventor 是以顏色區分方塊的功能性，如此有助於快速理解組合好的方塊的結構。

〈圖 3-5-4〉：「內件方塊」的「邏輯」類別

接下來進行方塊的組合〈圖3-5-5〉，為「當Screen1.螢幕方向改變」時，如果螢幕的寬度「大於」高度（橫向畫面），則設定「水平配置1」元件的「可見性」為「真」〈圖3-5-5〉，注意這裡的邏輯值「真」，就是相當於畫面編排的圖像「可見性勾選」，這就是邏輯的「值」（真、假）於實務上的應用方式。接著我們以相同架構，組合另外一條判斷命題，如果是螢幕寬度小於或等於高度時（直向畫面），就將圖像「可見性取消勾選」。

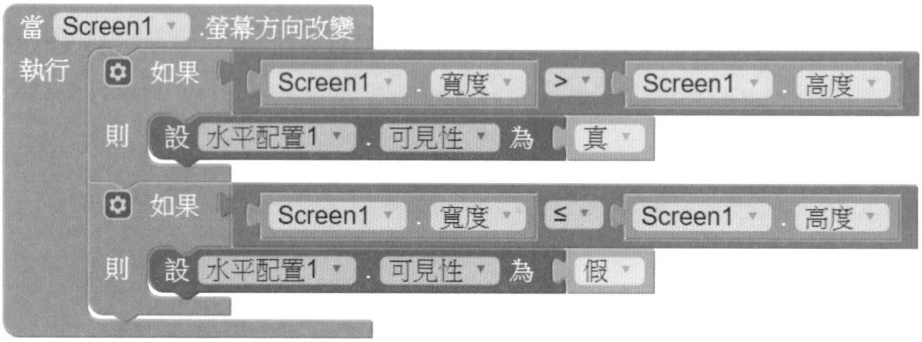

〈圖 3-5-5〉：如果寬度大於或等於高度時，將勾選圖片的可見性，反之則取消勾選

注意到圖片可見性的真假值設定，剛好和APP實際測試的呈現相反，如果直式畫面取消可見性，實際上是看到圖片，如果橫向畫面勾選可見性，實際上是沒看到圖片。之所以需要如此設計，箇中原理有點類似2-3的〈圖2-3-5〉。當改變手機螢幕方向，程式畫面已經先呈現出來了，這裡再去更改可見性，App Inventor不會再一次更新畫面，只有在下一次又改變手機螢幕方向，才會以更改後的設置呈現畫面，因此在邏輯設計必須與實際結果相反。

與手機連線測試，果然只要將手機橫擺，變成橫向畫面，播放器的專輯圖片不顯示，雖然看起來有點突兀，但至少不影響最重要的播放功能，如〈圖3-5-6〉

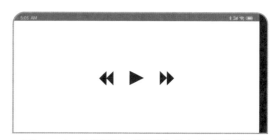

〈圖 3-5-6〉：手機測試，當螢幕為橫向時，不顯示圖片

在網頁設計開發時，必須考慮不同螢幕長寬大小的呈現效果，以及電腦和手機不同裝置的視覺體驗，因此目前主流為響應式網頁設計（RWD，Responsive Web Design）。這一章以音樂播放器為例，重點在於介紹手機APP的操作介面配置，同樣必須考慮不同安卓手機尺寸的差異性，在設計上不但要以相對性作布局，還要考慮直式畫面與橫式畫面的不同。

所幸，目前智慧型手機的型態趨於一致，大多手機都和 iPhone 採用相同模版，相較於網頁設計，無形中降低了手機 APP 的開發障礙。本節最後整理了 iPhone X 三種不同尺寸的統計，可以看到長寬比皆為 203%，大約是主流手機的普遍型態，在設計任何 APP 操作介面和呈現效果時，都應當將此長寬比納入考量。〈圖 3-5-7〉

| 手機型號 | 長 | 寬 | 長寬比 |
| --- | --- | --- | --- |
| iPhone XS Max：157.5mm x 77.4mm x 7.7mm，208g | 157.5 | 77.4 | 203% |
| iPhone XS：143.6mm x 70.9mm x 7.7mm，177g | 143.6 | 70.9 | 203% |
| iPhone X：143.6mm x 70.9mm x 7.7mm，174g | 143.6 | 70.9 | 203% |

〈圖 3-5-7〉：設計 APP 操作介面和呈現應將長寬比「203%」納入考量

App Inventor 是以圖形方塊編寫程式，但所有程式語言都有些共同特性，例如這一章所學到的資料清單和流程控制，如果有接觸過其他程式語言，這部分應能很快上手，不過 App Inventor 也有比較獨特的地方，例如這一節的垂直和水平畫面轉換，縱然特別，其實主要也是應用到邏輯判斷的流程控制。

另外這一章主題為「音樂播放器」，通常在播放器 APP 會有很普遍的兩個特性，其一是在執行「播放」跟「暫停播放」兩者的按鈕圖標可能會不一樣，其二是循環播放、隨機播放、單曲播放等功能設置。關於其二的功能設置，將在本書 7-4「專案練習 14：音樂播放器（進階）」介紹。

# Chapter 4 | 專案練習 3：網頁瀏覽器

▼ **你將學會** ——

- 設計同一 APP 第二螢幕畫面及布局
- 利用背包在不同螢幕及 APP 間複製程式
- 實現多螢幕 APP 的螢幕跳轉
- 以畫布元件實現滑過事件進行螢幕跳轉
- 設計瀏覽器網頁跳頁操作介面
- 以文字輸入盒更新變數及資料庫網址
- 設置清單選擇器及清單顯示器元件
- 清單新增、讀取、更新、刪除等程式設計
- 元件顏色、字體大小等視覺化設計

## 4-1 手機螢幕畫面跳轉

搭配專案檔：ZanzanWebViewer_v1

本書 Chapter1 說明了 App Inventor 的基本功能，主要介紹這套程式的操作介面，如何透過我們所撰寫出的簡單程式設計來執行手機的常用功能，並且實現了按下圖片就能發出聲音的設計；Chapter2 則是撥打電話；Chapter3 則是播放音樂，綜合前面三章內容，讀者可以得知，在 App Inventor 裡，「操作介面」以及「所執行的功能」是可以獨立分開處理的。因此，Chapter1 的「按圖片發出聲音」，也能轉換成 Chapter3 的「按圖片則播放音樂」，而在 Chapter3 的音樂播放器操作介面裡，只要稍微進行改造，就能變成撥打電話的 APP。

在前三章，我已大致介紹了 APP 操作介面應該如何進行布局，而在這一章的第一節裡，我要再補強一項手機的基本功能：如何進行螢幕跳轉。雖然這一章的主題是網頁瀏覽器，但在學習設計網頁瀏覽器前，我們必須對「螢幕跳轉」這一項功能的程式設計，以及尚未向讀者們介紹的「畫布」元件有更進一步的了解，因此，這一章的前面兩個小節（4-1、4-2），會先沿用前面章節的範例來解說，讓讀者更容易理解，並且也補強先前範例程式的不足，讓 APP 在介面操作上更為完整。

在 Chapter1 的範例裡，三張圖片以垂直方式排列，按一下圖片就能發出相對應的聲音，當時是作為 App Inventor 入門的超簡單程式設計。大家在經過本書前三章的功力累積之後，現在更有能力可以回過頭來進行程式的改良與補強〈圖 4-1-1〉。

〈圖 4-1-1〉：本節要改良與補強 Chapter1 的範例

## ▎畫面編排

我們以先前《大頭貼電話簿》的操作介面（讀者可參考本書所附的專案檔：ZanzanWebViewer_v1），並且為每個元件「重新命名」〈圖 4-1-2〉，例如「垂直配置＿螢幕畫面」等，用意在於讓各元件更容易辨識。

這裡較為特別的是以元件面板中「繪圖動畫」的「畫布」元件，來替代「按鈕」元件，參考 App Inventor 對於「畫布」功能的介紹說明：「一個可觸控的平面方形區域，可以在其上繪畫……」，在這一節其實單純只把它當成按鈕，簡單的設置來顯示圖片，而關於「畫布」元件的主要作用，我會在下一節進一步分享。

介面設置好之後，我們將游標移到最上方，點選「Screen1」右邊的「新增螢幕」，請見〈圖 4-1-2〉紅框處。

〈圖 4-1-2〉：於「Screen1」右邊，點選「新增螢幕」

接下來進入這一節的重點，在「新增螢幕」視窗中，設定「螢幕名稱」為「Screen2」，按下「確定」〈圖 4-1-3〉。

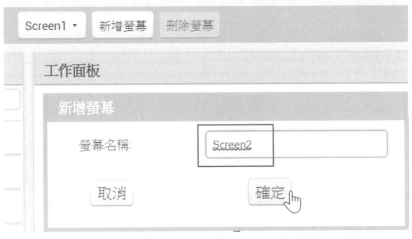

〈圖 4-1-3〉：設定「螢幕名稱」為「Screen2」後按下「確定」鍵

　　在新增螢幕後，可以看到原本的「Screen1」變成「Screen2」，在「工作面板」是一塊全新空白的手機螢幕畫面，除了「Screen2」外，沒有其他元件了。仔細看，不難發現畫面右下角的素材仍在〈圖 4-1-4〉，表示這些素材是「Screen1」和「Screen2」兩個螢幕可共同使用的。

〈圖 4-1-4〉：素材可以被新增的螢幕畫面共同使用

接下來，因為要成功實現「螢幕跳轉」的功能，所以我們將「Screen2」設計為和「Screen1」一模一樣的介面布局，但細節處必須有所不同。首先，將螢幕的標題文字改為「次頁」，並且把「動物名稱標籤」的文字改成「狗狗」，也把「播放音效」改為和狗狗圖片相對應的音檔，而第二個按鈕元件名稱改為「上一個按鈕」，按鈕文字則改為「上一個」。〈圖 4-1-5〉

〈圖 4-1-5〉：將「Screen2」主標題改為「次頁」，將「動物名稱標籤」的文字改為「狗狗」、同時將「播放音效」改為相對應的聲音、第二個按鈕改為「上一個按鈕」、按鈕文字改為「上一個」

接著回到「Screen1」〈圖4-1-6〉，並從「畫面編排」切換到「程式設計」。

〈圖4-1-6〉：從左上方選單可選擇不同螢幕介面，點選回到「Screen1」

## 程式設計

在「內件方塊」中的「流程控制」拉出「開啟另一螢幕 螢幕名稱」方塊，設定為當「下一個按鈕被點選」則「執行開啟另一螢幕 螢幕名稱 Screen2」，這樣一來，當我們在「Screen1」按一下按鈕就能進行螢幕的跳轉〈圖4-1-7〉。

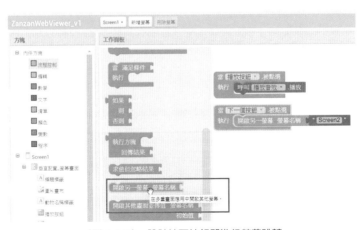

〈圖4-1-7〉：設計按下按鈕即進行螢幕跳轉

接下來進入「Screen2」的程式設計。前面〈圖4-1-5〉我們新增了「Screen2」時，無法在畫面編排直接複製「Screen1」的元件到「Screen2」，但在「程式設計」的部分，可以很方便地在組合好的程式方塊集上點按滑鼠右鍵，在快捷選單中選擇「增加至背包」〈圖4-1-8-2〉，如此會看到「工作面板」右上角的背包圖樣，出現了裝滿方塊的樣子，此時讀者如果點選背包，就可以看到剛才所添加的程式方塊集，若再點一下，便能複製此方塊集到目前的工作面板上。

〈圖4-1-8-1〉：背包中有程式方塊的模樣

「背包」可以大大增加我們程式編寫的效率，不僅在螢幕之間，即便是不同APP專案間，也能透過背包進行複製程式方塊，背包如同App Inventor裡能存放設計好程式集的公共空間，讀者可以自己試試看，把本書先前章節的程式範例進行複製後移轉。

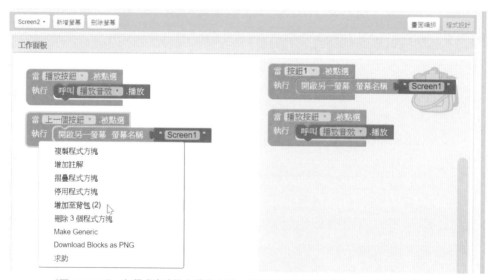

〈圖4-1-8.2〉：在程式方塊集上滑鼠右鍵，快捷選擇「增加至背包」以實現不同螢幕、不同專案間的程式複製

## 驗證執行

完成後的手機模擬測試如〈圖 4-1-9〉，當我們於「次頁」按下「上一個」按鈕，就會成功跳轉到上一頁（主頁）的畫面。

本節介紹「如何在不同螢幕間跳轉」，在實際操作過程中，會發現範例是同一 APP 有兩個螢幕畫面，而兩螢幕的布局完全相同，但是沒辦法直接複製 Screen1 的介面布局到 Screen2，雖然在 Screen1 已經一項一項設置好按鈕、標籤、表格等各元件屬性了，到了 Screen2 還必須重來一遍。

一開始或許會覺得，為什麼 App Inventor 忽略了在螢幕就能進行複製的功能，如此不是很沒效率嗎？不過讀者可以思考的是，當兩個螢幕介面布局一模一樣時，還有另外設置一個螢幕的必要嗎？如此規劃才是平白耗費資源吧！所以，在同一介面上就能達到在不同內容間轉換，類似 Gmail 網頁設計 **AJAX**（互動式網頁應用）的概念，才是真正有效率的做法，我將在下一節繼續介紹。

〈圖 4-1-9〉：成功進行螢幕跳轉

::: **Memo** :::::::::::::::::::::::::::::::::::::::::::::::::::::::

**AJAX**，是「Asynchronous JavaScript and XML」的簡稱，是指「非同步 JavaScript 與 XML」技術，也是一種不必讓整個網頁進行重新整理，就能即時更動介面及內容的技術，例如，我們可以把整個網頁想像是三塊拼圖，只有中間那塊拼圖會更動，其他兩塊固定不變。這種情況下，如果每次瀏覽網頁都重新換三塊拼圖，顯然無效率，AJAX 就是只更新中間拼圖的技術。

## 4-2 滑動手機螢幕執行下一指令

搭配專案檔：ZanzanWebViewer_v2

截至目前，我們已學過 App Inventor 的許多元件，如果想在介面上展示圖片，可使用之前的按鈕元件、圖像元件、標籤元件，甚至是上一節所使用到的畫布元件。不過，目前為止我們對於畫布元件的了解，純粹停留在圖像呈現，並沒有進行任何功能執行與設置，然而之所以稱為**「畫布」**，可想而知有很多繪圖相關的功能，除此之外，畫布元件具有可以「偵測觸碰事件，並取得觸碰點座標」的特點，因此在這一小節，我們將學習介紹如何利用「畫布」元件實現手機的基礎功能——「滑動螢幕以執行指令」。

#### ::: Memo :::

**畫布**：若要執行繪圖功能，在 App Inventor 中，是透過畫布（canvas）元件來實現。畫布元件可以在「元件面板」中的「繪圖動畫」裡找到。

## ▌畫面編排

我們沿用 Chapter2 的電話簿 APP 專案來進一步介紹「畫布」元件的應用。

首先，將程式名稱、圖片、標題、按鈕文字等進行適當修改，並且承接第二章電話簿 APP 的相關配置《圖 4-2-1》。

《圖 4-2-1》：加入「畫布」元件，實現手機基本的滑動螢幕執行指令

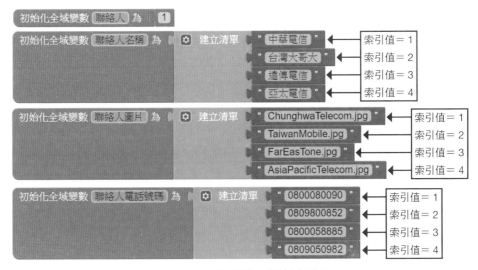

**BOX**

**上傳檔案的檔名請避免使用空格**

以下經驗和讀者分享，一開始我將圖片上傳後，也設定好變數名稱，卻發現手機無法顯示圖片，經過一番偵錯之後，才確認 App Inventor 要求檔案變數名稱中間不能有空格，並且會自動刪除空格。也就是說，假設上傳的檔案名稱為「Chunghwa Telecom.jpg」，變數清單也設定為「Chunghwa Telecom.jpg」，在手機上是無法顯示的，必須將變數清單修改成「ChunghwaTelecom.jpg」才行，亦即圖片檔案的名稱中間如果有空格，上傳到 App Inventor 會自動被判別為沒有空格，因此上傳檔案時，請大家留意檔名，避免使用到空格。

## 程式設計

基於程式需求，先宣告「聯絡人」、「聯絡人名稱」、「聯絡人圖片」、「聯絡人電話號碼」等變數，並建立起相對應的清單。〈圖 4-2-2〉

〈圖 4-2-2〉：宣告變數及其對應的清單

像是按鈕撥打電話、按鈕開啟另一螢幕，以及螢幕初始化這些程式，都是以前面我們學過的為基礎，以下則重點說明「畫布」這個元件。

　　畫布元件較為特殊之處是可以「偵測觸碰與拖曳位置的座標設定」，也就是可以偵測「手指滑過畫布元件對應的區域」，App Inventor 會提供一些參照值，例如「x 座標」、「y 座標」、「速度」、「方向」、「速度 x 分量」等，當我們想要設定手指「由右往左滑過」這個動作，便是「如果……取速度 x 分量＜ 0」。

　　我們在國中數學學過 x 軸上的正數在右邊、負數在左邊，所以若「使用者的手指由右往左滑過」，便會設定「速度 x 分量為負數」，代表由右往左的方向。當「（由右向左）被滑過」的事件發生，就如〈圖 4-2-3.1〉紅框處，並且我們前面已經為聯絡人安排序號〈圖 4-2-2〉，即可建立架構如〈圖 4-2-3.2〉的方塊集。

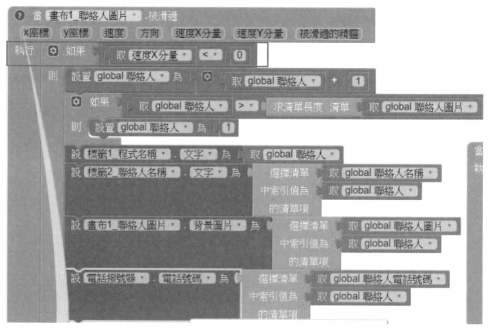

〈圖 4-2-3.1〉：設定「速度 x 分量為負數」，代表「由右往左滑過」

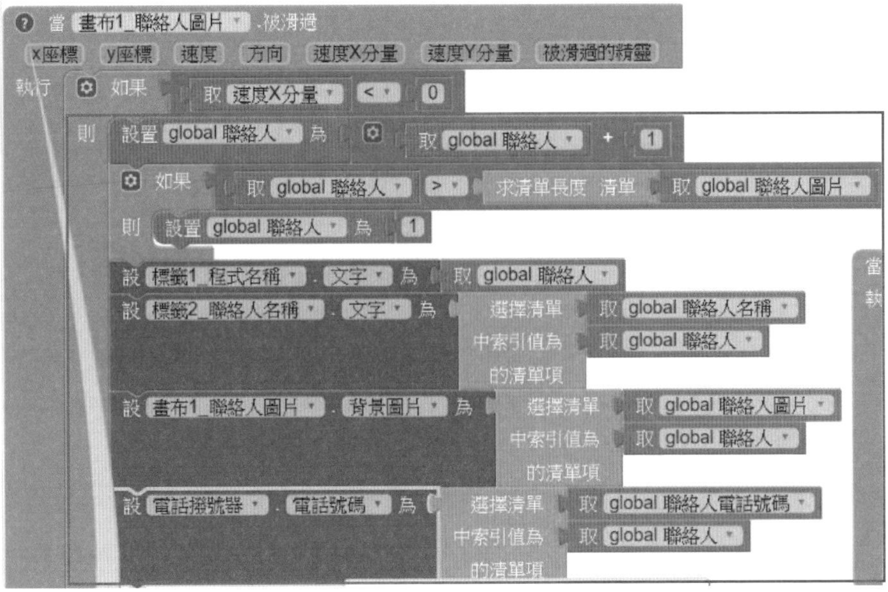

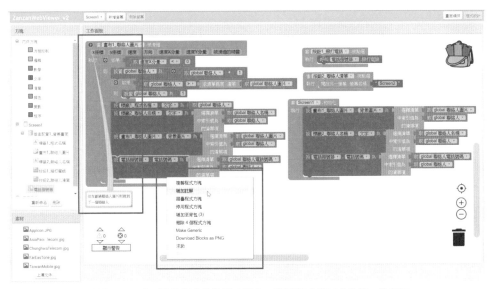

〈圖 4-2-3.2〉：設置聯絡人清單後，建立相關的方塊集

　　這裡要提醒大家，隨著程式越來越複雜，建議養成滑鼠右鍵增加「註解」的習慣，如〈圖 4-2-3.3〉：「往左滑過聯絡人圖片則跳到下一個聯絡人」即是「註解」的內容，可節省日後重新理解或修改程式花費的時間，這也是程式設計人員通常都會有的習慣。

〈圖 4-2-3.3〉：隨著程式的複雜度提高，建議養成增加「註解」的習慣

## 驗證執行

　　手機模擬測試，一如期待〈圖4-2-4〉，不過左上角出現了目前的聯絡人序號「3」，這是因為在〈圖4-2-3.2〉程式方塊中，已設「標籤1_程式名稱」的「文字」為「聯絡人」，這種作法主要用於程式檢驗，在進行編寫設計較不熟悉的程式時，通常會先做這樣的測試，確認程式運作的情況，提供給讀者參考。

## 畫面編排

　　接下來進入「Screen2」的介面設計，運用多種「介面配置」元件，以相對比例架構出一個四分隔的「聯絡人清單」版面〈圖4-2-5〉。

　　以下清單羅列「Screen2」畫面編排各元件

〈圖4-2-4〉：左上角會有個目前的聯絡人序號，這樣的作法主要用於程式檢驗

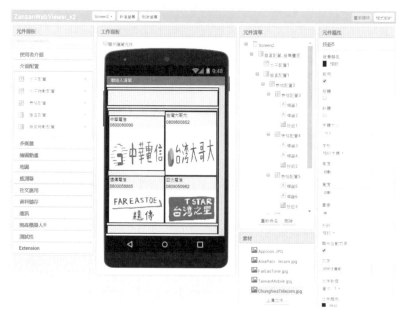

〈圖4-2-5〉：以相對比例架構出一個完整的「聯絡人清單」版面

的屬性〈表 4-2-6〉，有了前面章節的功力，讀者可以自行練習。不過，要特別留意多媒體檔案的名稱設定方式，尤其要避免出現空格（見紅底處），以免造成無法顯示圖片的情況。

| 件類別+A1A1:| | 專案元件 | 初始名稱 | 設定名稱 | 元件屬性 | 屬性設定 |
|---|---|---|---|---|---|
| | 新增螢幕 | Screen2 | Screen2 | 水平對齊<br>垂直對齊<br>標題顯示 | 靠左：1<br>靠上：1<br>聯絡人清單 |
| 介面配置 | 垂直配置 | 垂直配置1 | 垂直配置1_螢幕畫面 | 水平對齊<br>垂直對齊<br>高度<br>寬度 | 置中：3<br>置中：2<br>填滿<br>填滿 |
| 介面配置 | 水平配置 | 水平配置1 | 水平配置1_版面A | 水平對齊<br>垂直對齊<br>高度<br>寬度 | 靠左：1<br>靠上：1<br>10比例<br>填滿 |
| 介面配置 | 垂直配置 | 垂直配置2 | 垂直配置2_版面B | 水平對齊<br>垂直對齊<br>高度<br>寬度 | 置中：3<br>置中：2<br>76比例<br>填滿 |
| 介面配置 | 表格配置 | 表格配置1 | 表格配置1_版面B | 列數<br>高度<br>寬度<br>行數 | 2<br>自動<br>96比例<br>2 |
| 介面配置 | 表格配置 | 表格配置2 | 表格配置1_表格a | 列數<br>高度<br>寬度<br>行數 | 1<br>自動<br>48比例<br>3 |
| 使用者介面 | 標籤 | 標籤1 | 標籤1 | 高度<br>寬度<br>文字 | 3比例<br>填滿<br>中華電信 |
| 使用者介面 | 標籤 | 標籤2 | 標籤2 | 高度<br>寬度<br>文字 | 3比例<br>填滿<br>800080090 |
| 使用者介面 | 按鈕 | 按鈕1 | 按鈕1 | 高度<br>寬度<br>圖像 | 32比例<br>48比例<br>ChunghwaTelecom.jpg |
| 介面配置 | 水平配置 | 水平配置2 | 水平配置2_版面C | 水平對齊<br>垂直對齊<br>高度<br>寬度 | 置中：3<br>置中：2<br>20比例<br>填滿 |
| 使用者介面 | 按鈕 | 按鈕5 | 按鈕5 | 高度<br>寬度<br>文字 | 自動<br>自動<br>回到主畫面 |

〈表 4-2-6〉：各元件屬性設定如上，供讀者參考

## 程式設計

　　「Screen2」的程式設計相對簡單，因為僅有唯一按鈕，提供點選即開啟「Screen1」螢幕的功能。〈圖 4-2-7〉

〈圖 4-2-7〉：唯一按鈕（回到主畫面）提供點選即開啟「Screen1」螢幕的功能

〈圖 4-2-8〉：「回到主畫面」按鈕即「Screen2」的「按鈕 5」，測試結果 OK

## 驗證執行

　　手機測試結果如〈圖 4-2-8〉所示。

　　在桌上型電腦剛發展的時候，能夠以滑鼠在電腦的「小畫家」上畫畫，在技術上已是很大的突破。如今能用 App Inventor 這樣圖形化的程式語言，簡單的就能設計出在手機上畫畫的 APP，資訊科技可說是飛速成長。

　　「畫布」元件是 App Inventor 的重點元件之一，不但跟繪圖功能有關，在許多手遊 APP 設計也都會使用到。不過本書側重於用 App Inventor 來進行資料處理，所以畫布這個元件探討到這裡為止，在本小節僅運用其偵測螢幕滑過的特性作介紹，主要用意仍是讓操作介面更為完整。

## 4-3 設計簡易網頁瀏覽器　搭配專案檔：ZanzanWebViewer_v3

在前面 4-1、4-2 兩個小節中，主要利用先前章節的範例，分享手機「新增螢幕畫面」和「畫布」元件的功能。一方面是補強 Chapter1 尚不夠成熟的 APP，另一方面則是擴充介紹 App Inventor 所提供的元件設置，這一節即以前面打下的基礎進入主題：手機網頁瀏覽器。

### 畫面編排

首先，建立一個新專案（或參考專案檔「ZanzanWebViewer_v3」），接著，我們將畫面由上到下分成四個水平填滿的版塊，安排如下〈圖 4-3-1〉：

- 第一塊：「標籤__程式名稱列」
- 第二塊：「網頁畫面區」
- 第三塊：空行（用來區隔第二與第四版塊，或作為預留給未來可能新增的功能使用）
- 第四塊：「操作按鈕列」。

〈圖 4-3-1〉：建立一個新專案「ZanzanWebViewer_v3」，由上下到分成四個水平填滿的版塊：「標籤__程式名稱」、「網頁畫面」、「空行」及「操作按鈕列」

　　延續〈圖 4-3-1〉，第二塊「網頁畫面區」就是利用本節的重點──「網頁瀏覽器」元件，可自元件面板中的「使用者介面」類別找到，仔細看 App Inventor 關於「網路瀏覽器」元件的說明，其中提到：「本元件不是網路瀏覽器，當點選裝置上的 "返回" 鍵時將退出 APP，而非根據歷史記錄回到上一頁。」表示它並非完整的瀏覽器，有點陽春，所以在「網頁瀏覽器」的元件屬性中，除了重點要輸入「首頁地址」外，建議把「允許連線跳轉」、「忽略 SSL 錯誤」、「開啟權限提示」、「允許使用位置訊息」全部勾選，較能避免瀏覽器在載入網頁時出錯。

　　第二塊「網頁畫面區」是主要呈現區域，因此設定元件屬性「高度」為「80 比例」（〈圖 4-3-1〉為了完整顯示出下方的按鈕列，暫時將比例縮小至「65 比例」），其餘區塊的高度則落在 5 ～ 10 比例即可。第四塊「操作按鈕列」則分別配置了「回首頁」、「上一頁」、「下一頁」的按鈕。這裡的布局雖然是為了配合網頁瀏覽器的特性設置，但因為前兩節我們已有畫面編排的基礎，相信對讀者而言不再困難，亦可參照專案檔內容練習。

## 程式設計

　　首先，組合出操作按鈕列中的三個按鈕（「回首頁」、「上一頁」、「下一頁」）被點選時執行的功能〈圖 4-3-2〉，雖然不同元件的功能內容不同，但組合的邏輯是相同的。

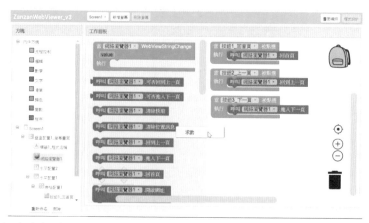

〈圖 4-3-2〉：組合出三個按鈕被點選時所執行的功能。此外，若讀者想進一步了解各方塊的詳細說明，可在該方塊上點按滑鼠右鍵，選擇「求助」

## 驗證執行

實際進行手機模擬測試,已經具備手機網頁瀏覽器的雛形〈圖4-3-3〉。

接下來要再添加功能,使其更完整。

## 畫面編排

首先,希望讓使用者可以輸入變更瀏覽器網址,盡可能接近平常看到的電腦或手機網頁瀏覽器,想要實現這個功能,會用到「使用者介面」中的「**文字輸入盒**」。

::::: **Memo** ::::::::::::::::::::::::::::::::::::::

**文字輸入盒〈Textbox〉**:用以處理文字,主要功能是讓使用者可以輸入文字,並把輸入的文字存在 Text 屬性中。

.........................................................

〈圖4-3-3〉:在手機上測試,OK

現在,我們要在「工作面板」中進行調整並新增幾個元件,步驟如下〈圖4-3-4〉:

一、將原本在瀏覽器下方的「水平配置2」往上移。

二、插入一「表格配置」元件,並將其元件屬性的「行數」改為「1」。

三、在「表格配置」元件中置入「文字輸入盒」及「按鈕4」,適當調整其長寬比例。

四、將「按鈕4」元件屬性中的文字顯示內容改為「確認」字樣。。

五、配合實際應用的需求,再添加一個在 Chpater2 介紹過的「微型資料庫」元件。

〈圖 4-3-4〉：「工作面板」中將原本在瀏覽器下方的「水平配置 2」往上移，並插入「表格配置」元件，置入「文字輸入盒」及「按鈕 4」

## 程式設計

　　首先設計螢幕初始化事件方塊，先前是在「畫面編排」中「網路瀏覽器」的元件屬性中設定首頁地址，在此則以程式方塊將「網路瀏覽器」的「首頁地址」、「文字輸入盒」的「提示」皆設定為 Google 首頁。〈圖 4-3-5.1〉

〈圖 4-3-5.1〉：以程式方塊設定開啟 APP 時即連結至 Google 首頁

這裡的「提示」，是指「在輸入區域會有淡色字體的預設輸入說明」，僅僅作為輔助，並不是實際輸入的內容，可先參考後方的〈圖4-3-8〉。

接下來設計當手機游標移到輸入區域時，為方便輸入起見，如果之前有保留先前輸入的內容，程式會先將其清除〈圖4-3-5.2〉。另外，為避免手機螢幕被佔滿，也設計在輸入時先將網頁畫面隱藏，即「設…網路瀏覽器.可見性…為…假」方塊。

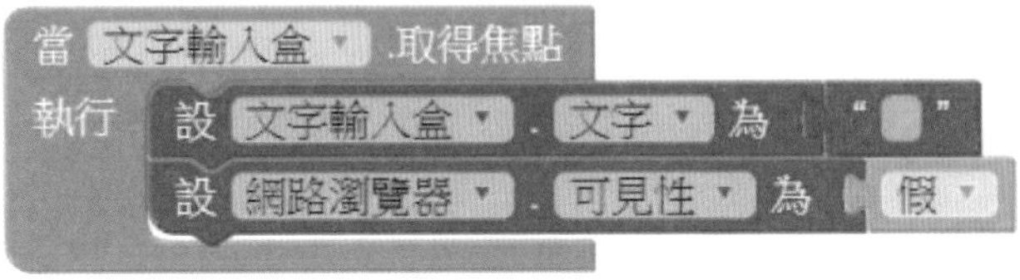

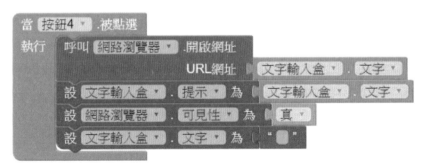

〈圖4-3-5.2〉：「當...文字輸入盒.取得焦點 執行」方塊，表示當手機游標移到輸入區域時，程式會執行的動作

而且，文字輸入盒通常會搭配一個按鈕，在輸入完畢後使得輸入內容能夠發揮其作用，例如這裡是「當...按鈕4.被點選」時〈圖4-3-5.3〉，讓瀏覽器能開啟所輸入的網址、將此網址作為文字輸入盒提示、恢復瀏覽器可見性，最後同樣再將輸入區域清空。

〈圖4-3-5.3〉：文字輸入盒通常會搭配一個按鈕的設計，在按下該按鈕後會使輸入的內容可發揮作用

為完善程式，在本節第二步驟〈圖4-3-2〉的基礎上，加入「上一頁」和「下一頁」按鈕的判斷流程，先呼叫瀏覽器問看看有沒有上一頁或下一頁，如果有再執行，否則就不執行任何動作〈圖4-3-6〉。

現在，我們已經瞭解「文字輸入盒」元件的基本功能，現在再加入「變數」和「資料庫」的概念。首先，宣告「首頁網址」變數，接著設定當螢幕初始化時，此變數以資料庫中的「Website」標籤賦值，無此標籤時，回傳值為 Google 首頁。當操作者輸入新的網址時，以此網址更新資料庫中「Website」標籤的值〈圖4-3-7〉。其中，「Website」指的是瀏覽網址，也就是當我們第一次開啟手機的網頁瀏覽器時，如果 APP 中的資料庫沒有任何儲存的紀錄，就會以 Google 首頁開啟，不過當使用者輸入新的網址時，該標籤的值就會改為新的網址。

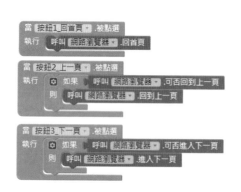

〈圖4-3-6〉：完善「上一頁、下一頁」按鈕的
　　　　　　程式設計

〈圖4-3-7〉：加入「變數」和「資料庫」的概
　　　　　　念結合文字方塊

另外在「當按鈕4.被點選」時，最後執行「呼叫文字輸入盒 - 隱藏鍵盤」〈圖4-3-7〉藍框處。如果讀者實際模擬測試，會發現若使用者輸入網址、按下確認後，手機輸入鍵盤還是存在於畫面上，就會造成瀏覽器畫面被遮住，因此，在文字輸入盒特地提供此事件選項，提升使用者體驗。

## 驗證執行

模擬測試結果，我們成功開發出一款簡約實用的手機網頁瀏覽器 APP 了
〈圖 4-3-8〉。

〈圖 4-3-8〉：模擬測試結果，完成！

這一節介紹了一個新的手機功能：瀏覽網頁。其實不管在操作介面和程式設計上，都僅僅沿用先前章節所累積下來的基礎，再稍加變通而已。從這裡讀者應該可以深切體會到，不管在手機 APP 或者電腦軟體的開發，所有的經驗都是透過不斷積累而來，最終的功能應用上或許會有所不同，但卻能將先前所學到的經驗傳承到新的領域。

大致檢視 App Inventor 的元件清單，不難發現像是影片播放或聲音錄製等不同功能的元件。因篇幅有限，可惜無法一一介紹給大家，不過以本書提供的範例為基礎，可將其延伸到其他元件設計，請讀者多嘗試，就能在其中體會程式設計的樂趣。

## 4-4 清單的操作元件

搭配專案檔：ZanzanWebViewer_v4A、ZanzanWebViewer_v4B

本書到目前為止的範例，需要建立多個以上資料清單時，都是在 App Inventor 的程式設計頁面組合的，等於是在 APP 的後臺進行設定。然而許多 APP 會允許使用者自行在手機操作介面維護清單項目，可以進行新增、編輯、刪除，像是瀏覽器常用的網站一樣。這節首先分享 App Inventor 關於清單的使用者可視、可操作的元件，接著再分享如何於程式設計開放讓使用者維護清單。

### 畫面編排

我們看到「使用者介面」中的「清單選擇器」元件說明如下：「一個按鈕，點選後會顯示一個可供使用者選擇的清單……」〈圖 4-4-1〉，很符合本節的需求。延續上一小節，將整個「工作面板」適當調整，也將清單選擇器的顯示文字設定為「網址清單」。

〈圖 4-4-1〉：「使用者介面」中的「清單選擇器」非常適合應用於「網頁清單」

## 程式設計

　　首先宣告初始化全域變數「WebList」（意指網址清單）〈圖4-4-2〉，並賦值為「建立清單」。清單中有四個項目，分別為贊贊小屋首頁及其他網址。接著設定當螢幕初始化時，會取變數中的第一項為瀏覽器首頁，亦即清單第一項：https://www.b88104069.com/。同時，會將「清單選擇器」的「元素」設定為「WebList」變數。最後，「當清單選擇器1.選擇完成 執行」方塊集的設計指的是：當操作者選擇好清單的其中一個項目時，程式會把瀏覽器網址更新為所選中的清單項目。

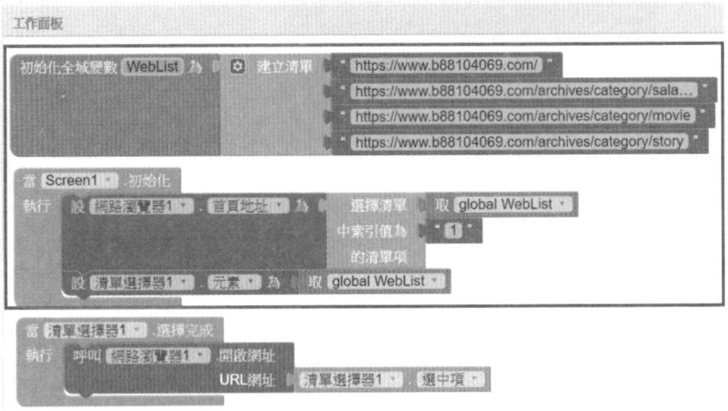

〈圖4-4-2〉：當第一次開啟網頁瀏覽器時，會以清單中的第一個網址為首頁

## 驗證執行

　　手機模擬測試，只要點選手機上的「網址清單」，在現有畫面中，會改為顯示出一個只包含四個項目的清單。

　　剛剛我們學會了在單一螢幕畫面顯示「清單選擇器」的用法，現在要教給大家另一種方法，讓程式可在兩螢幕間跳轉。此外，由於設計程式時不可能一次完成，一定要養成到某個階段就另存的習慣。不同測試版本也要留存參考。此時，我們把先把目前的專案備份，接著開啟一個新的專案。

〈圖4-4-3〉：測試結果，完成

以下內容請搭配專案檔：ZanzanWebViewer_v4B

## 畫面編排

接著，開啟一個新專案，新的專案使用和〈圖 4-4-1〉幾乎相同的介面，唯一的改變是將「清單選擇器」改成「按鈕」，其用途會在下一步驟說明。

〈圖 4-4-4〉：開啟另一個專案，並將清單選擇器換成按鈕

## 程式設計

雖然介面編排相同，但在這個新專案的程式設計上有所不同，設定為「當 Screen1. 初始化」時，設置網路瀏覽器的首頁地址為「初始值」，這裡的「初始值」，指的是同一 APP 在兩個螢幕之間的傳遞值。此外，操作者在另一個螢幕維護選擇好網址，想要瀏覽網頁時，程式就會切換回這個螢幕，另一個螢幕所選擇網址會作為這個螢幕的瀏覽器首頁。〈圖 4-4-5〉

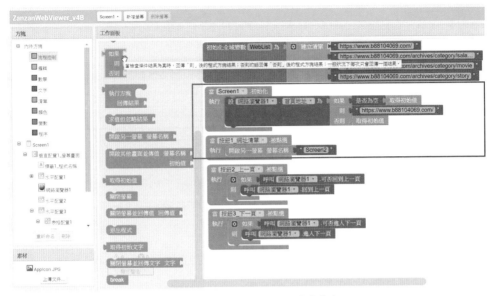

〈圖 4-4-5〉：依序將敘述化為文字方塊

在剛開始使用 APP 時，因為還沒有開啟另一個螢幕維護網址，當然不會有初始值，因此我們可以設下判斷條件：如果初始值是空的，則取首頁地址為「https://www.b88104069.com/」。此外，「Screen1」的「按鈕2」和「按鈕3」設定與本小節先前相同。接著，我們設定點選「按鈕1」即開啟「Screen2」螢幕。

注意到此處雖然建立清單作為變數，僅僅是複製本小節一開始的專案所留下來，因為我們已經把「清單選擇器」改為「按鈕」元件，所以為「清單選擇器」建立變數已經沒有用處，其實是可以刪除的。不過由於在接下來「Screen2」的程式設計中還會使用到這組方塊，因此必須先保留著。

## 畫面編排

現在進行「Screen2」的畫面編排。

「Screen2」同樣以「垂直配置」及「水平配置」元件設計版面〈圖 4-4-6〉。其中，「垂直配置1_螢幕畫面」的範圍是指整個手機螢幕；「水平配置1_間隔作用」雖然沒有任何元件在裡面，但是可以作為板塊間的間隔，看起來較為舒適美觀；「水平配置3_間隔作用」也是同理。而在「水平配置4_顯示清單」裡，我們要加入一個「清單顯示器」，在這裡要提醒讀者，當一個版塊裡僅有一個元件時，雖然版塊和元件大小相同，好像不需要特別約束位置，但在此特別以「水平配置」來規範位置，一方面是為了讓整體版面編排更加清楚，另一方面也是方便控制區塊內容的對齊方向。

〈圖 4-4-6〉：進行「Screen2」的畫面編排

## 程式設計

　　假使我們在「Screen2」沒有設定任何變數，則沒辦法使用「WebList」變數，因此比較好的作法，是將「Screen1」的變數設定方塊先複製到背包裡，再從背包複製到「Screen2」〈圖 4-4-7〉。

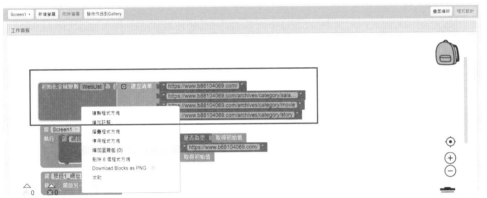

〈圖 4-4-7〉：將「Screen1」的「初始化全域變數方塊集」增加至背包後再放進「Screen2」

　　接著設計「Screen2」螢幕初始化方塊〈圖 4-4-8〉，設計當開啟這個螢幕時，畫面上會顯示 WebList 變數清單的內容，也就是清單中的四個網址，效果可參考〈圖 4-4-10〉。

〈圖 4-4-8〉：設定當開啟另一螢幕時，會顯示出設定好的網頁清單

接著,必須為「清單顯示器」新增一個「選擇完成」的事件,如〈圖4-4-9〉,表示「選擇好清單中的一個網址」後,就會重新回到第一個螢幕（Screen1）,同時能傳達所選的項目值,讓兩個螢幕能順利跳轉成功。

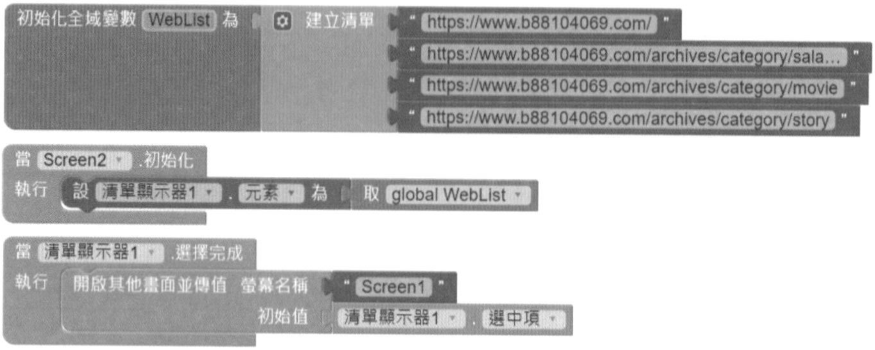

初始化全域變數 WebList 為 ⚙ 建立清單 " https://www.b88104069.com/ "
" https://www.b88104069.com/archives/category/sala... "
" https://www.b88104069.com/archives/category/movie "
" https://www.b88104069.com/archives/category/story "

當 Screen2 ▾ .初始化
執行 設 清單顯示器1 ▾ . 元素 ▾ 為 取 global WebList ▾

當 清單顯示器1 ▾ .選擇完成
執行 開啟其他畫面並傳值 螢幕名稱 " Screen1 "
初始值 清單顯示器1 ▾ . 選中項 ▾

〈圖 4-4-9〉：在「Screen2」的清單中選取一個網址時,就能跳轉到「Screen1」並顯示所選取的網頁

〈圖 4-4-10〉：順利顯示測試結果,OK

## ▍驗證執行

手機測試 OK〈圖 4-4-10〉！本小節所介紹的「清單選擇器」和「清單顯示器」這兩個和清單有關的元件,是利用元件本身所提供的屬性及事件,已經可以讓操作者在既定的清單中有所選擇,選擇完成後,手機瀏覽器即呈現相對應的網頁。在下一節我會沿用此範例,繼續介紹如何實現讓使用者自行編輯維護網址清單。

## 4-5 設計清單維護程式

搭配專案檔：ZanzanWebViewer_v4B、ZanzanWebViewer_v5A、ZanzanWebViewer_v5B

App Inventor 最原始的開發用意，就在於將程式設計流程極簡化，希望即使是沒有學過程式設計的一般大眾，也都能輕鬆上手，為自己每天都會接觸到的智慧型手機設計最貼近需求的 APP，藉此領略程式設計的樂趣。

本書第一單元「App Inventor 基礎介紹」，也來到最後這一小節了，我所提供的範例大致上有 App Inventor 最常用到的元件及流程功能設計，讀者們如果發現對於本節範例的說明不會感到陌生，就代表已經奠定自主開發簡單 APP 的基本功了。

### ▌畫面編排

首先，我們把上一節範例的 aia 檔案（檔名：ZanzanWebViewer_v4B）匯入 App Inventor 裡，並更改專案名稱為「ZanzanWebViewer_v5A」後沿用。

### ▌程式設計

此專案「Screen1」的程式設計和上一小節幾乎完全相同，與第 129 頁〈圖 4-4-5〉的差別只在於按下「按鈕 1_ 網址清單」時，在開啟「Screen2」同時，還會傳送「Screen1」的當前網址〈圖 4-5-1〉。

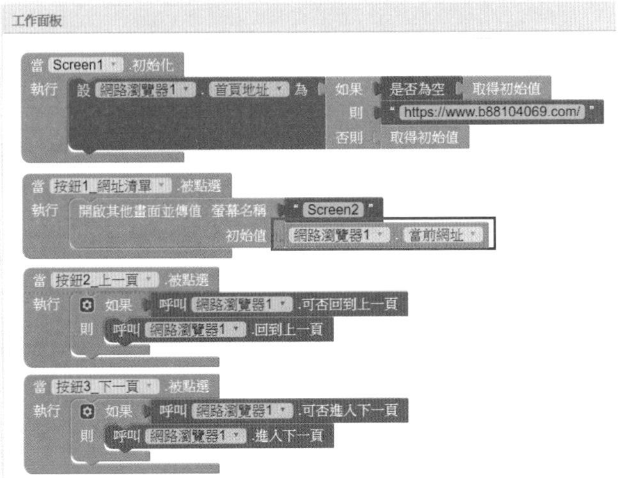

〈圖 4-5-1〉：將上節範例修改成點選按鈕時，不但開啟「Screen2」，同時傳送「Screen1」的當前網址

## ▍畫面編排

「Screen2」螢幕畫面編排如〈圖4-5-2〉，和上一小節的〈圖4-4-6〉相比，不同處在於下方多了網址的「文字輸入盒」，並增加「新增、編輯、刪除、瀏覽」等按鈕，作用是在編輯網址清單中的項目，讀者也可直接匯入專案檔「ZanzanWebViewer_v5A」使用。

〈圖4-5-2〉：「Screen2」螢幕畫面新增了網址的文字輸入盒，新增、編輯、刪除、瀏覽等按鈕

## ▍程式設計

首先為「Screen2」建立變數清單。其中，「WebSite」為瀏覽網址、「WebList」為網址清單、「Number」為清單索引，除了「WebSite」引用「Screen1」所傳來的初始值，其他兩個變數在一開始先設定為空清單，等於是僅設定變數為清單類型，尚未賦值，也就是還未給予清單任何的內容〈圖4-5-3〉。

〈圖 4-5-3〉：建立變數清單「WebSite」、「WebList」、「Number」

設定完程式所使用變數，接下來設定各個操作元件的作用〈圖 4-5-4〉：

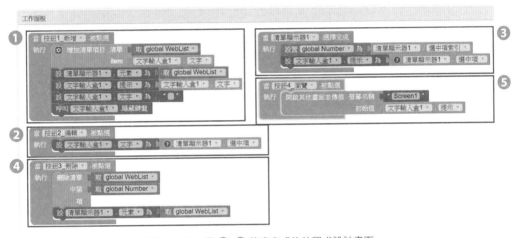

〈圖 4-5-4〉：將 ❶~❺ 依序完成後的程式設計畫面

❶ 將所輸入文字增加到網址清單後，會更新清單顯示，並將文字提示清空，最後再將鍵盤隱藏。

❷ 程式會將使用者所選中的清單項目帶到文字輸入盒中，方便使用者能進一步修改或增添。

❸ 在使用者選擇某個項目之後，將該項作為索引序號，設定為變數「Number」的值，並將所選擇的網址提示在文字輸入盒中。

❹ 配合所選的清單項目，依照「清單顯示器 1」所設定的變數「Number」值，刪除變數清單「WebList」中相對應的項目，刪除後更新所顯示的清單。

❺ 除了回到「Screen1」瀏覽器畫面，上述幾個元件會將新增或選擇後網址作為文字提示，所以按下按鈕後，會將此提示回傳作為瀏覽網址。

實際模擬測試，從瀏覽器螢幕跳轉到網址清單螢幕後，果然傳送了當前網址，在輸入欄位中複製貼上其他網址，再按一下「新增」後，清單上就會多了一項剛才貼上的網址〈圖 4-5-5.1〉。

〈圖 4-5-5.1〉&〈圖 4-5-5.2〉：測試結果 OK！

　　接著選擇任何一個網址項目，再按一下「編輯」，輸入欄就會顯示所選擇的網址，只要稍加修改或更改就能新增到清單中；同樣的，選擇任何一個網址項目，按一下「刪除」，清單就會去除此項目；任何一個操作之後，輸入欄位都會顯示目前操作中的網址〈圖 4-5-5.2〉，當我們按一下「瀏覽」，可以看到程式就會跳回瀏覽器螢幕，並顯示該網址對應的網頁。

　　最後，和讀者分享 APP 外觀色彩調整的部分，其實有許多元件屬性都可以自行設定，例如：背景顏色、字體顏色、字體大小等屬性，如〈圖 4-5-6〉所示，不過主要決定 APP 給人的第一印象的，還是外觀，而色彩的設計是關鍵，除了既定的標準色彩外，還可以如下圖在調色板上挑選，自由度相當高。

〈圖 4-5-6〉：顏色除了既定標準色彩，還可以在調色板上選定，或者輸入色碼，自由度相當高

　　配合版塊配置，只要再稍微更改顏色以及字體大小等等，讀者會發現到整個 APP 介面就能呈現出不同以往的樣貌〈圖 4-5-7〉。

〈圖 4-5-7〉：透過更改顏色和字體大小，就能讓
APP 煥然一新

::: Memo :::::::::::::::::::::::::::

關於〈圖 4-5-6〉&〈圖 4-5-7〉外觀色
彩調整的元件屬性設定，可參考專案檔
案：ZanzanWebViewer_v5B。
.......................................

在本節介紹了操作者在手機上自行新增（Create）、讀取（Read）、更新（Update）、刪除（Delete）的網址清單維護設計，這四項是計算機資料庫裡最基本的操作，專業術語取各單字字首，為 CRUD。範例在功能上大致完整，不過面對實際需求還是不足的。首先，所設定變數僅在程式運作時有效，所以當關閉程式後再開啟，原本維護好的網址清單就會全部歸零。其次，當資料量大時，我們不太可能一筆一筆維護，例如先前分享過的音樂播放器 APP，如果需要把音樂檔案一個個上傳後再進行清單設定，我想任何一個外部使用者，應該都會在安裝使用過一次之後便把它刪除，因為這樣的 APP 在使用上並不方便。

所以，這就是需要有更好、更有效率的方式進行 App Inventor「雲端資料處理」的原因，資料處理也就是接下來本書第二單元的主題。而第一單元的重點是讓讀者熟悉操作介面，因此以學會基本的功能為主。

# App Inventor
# 雲端資料處理

# 將 txt 文字檔匯入 APP

▼ **你將學會**

- 了解 App Inventor 檔案管理元件的限制
- txt 文字檔製作並上傳到 Dropbox
- Dropbox 共享檔案連結網址變更屬性
- 使用通訊類別的網路非可視元件
- 執行 GET 請求讀取 Dropbox 檔案
- 當回應碼為成功時處理網頁資料
- 瞭解 HTTP 網頁技術回應碼狀態
- 播放音樂時顯示 mp3 檔案名稱
- 直接以手機資料夾路徑作為素材
- 讀取 txt 文字檔作為音樂播放曲目名稱
- 定義程序方塊精簡程式設計流程
- 瞭解轉換 CSV 為清單的不同設置效果
- 密碼輸入盒及對話框元件設計登錄頁面
- 密碼登入頁面和清單顯示頁面螢幕跳轉
- 複雜程式專案規劃變數設定及程式流程
- 定義複合程式方塊程序簡化程式讀取編寫
- 數學計算讓每頁顯示相同筆數資料清單
- 按鈕實現資料翻頁及顯示目前頁數
- 啟動程式後以計時器控制圖片顯示時間
- 閱讀 txt 檔案文字結束後退出 APP 程式

# 5-1 透過 Dropbox 取得雲端檔案連結

本書 Part2 主題為雲端資料處理，開始突破 Part1 基本操作的框架限制。資料不再是透過 APP 專屬後台上傳，而是先上傳至網路雲端空間，手機再透過網際網路讀取資料內容。這是現今應用軟體很普遍的操作，可以賦予程式設計很大的靈活度。

接下來一開始先說明如何使用網路雲端空間，並且以簡單範例實際操作，後續章節會有更多關於此應用的進一步介紹。

## 畫面編排

首先我們打開專案檔「ZNote_v1」，在元件面板的「資料儲存」類別，可以看見「檔案管理」這個非可視元件，它的作用是「可以讀寫裝置上的檔案」，詳細說明如〈圖 5-1-1〉。

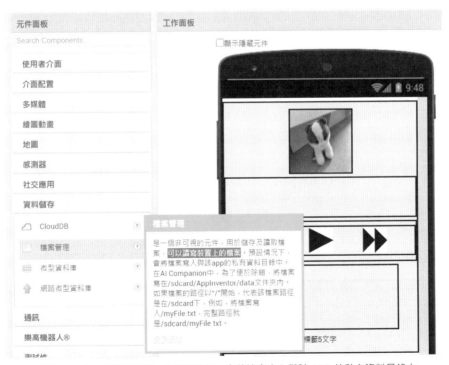

〈圖 5-1-1〉：「檔案管理」元件預設下，會將檔案寫入與該 APP 的私有資料目錄中

　　然而，在 2020 年 8 月 8 日，App Inventor 發佈正式聲明，因為 Google 於 Android 10 升級之後，基於安全性考量，不再容許安卓手機 APP 讀取其他 APP 檔案資料〈圖 5-1-2〉，依照筆者個人經驗，這項更新使得第一步驟「檔案管理」元件不太好發揮既有功能，如同聲明所言：「You may need to change how your app uses the File component.」。

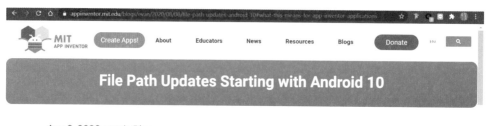

〈圖 5-1-2〉：基於安全性考量，2020 年 8 月 8 日 App Inventor 發佈正式聲明，
不再容許安卓手機 APP 讀取其他 APP 檔案資料

　　基於前述原因，筆者其實一開始寫好的本書初稿，原本都是使用「檔案管理」元件，到了校稿時才發現改版問題，因此也配合重新改寫，從本來的使用手機內部檔案改成使用外部雲端檔案，在畫面編排上，我們在原有的「檔案管理」元件外，也必須加入「通訊」類別中的「網路」元件搭配應用（請搭配專案檔或見〈圖 5-2-1〉）。

　　通常在跨程式甚至是網路連線取得資料時，檔案資料型態最好是純粹不帶任何應用框架，比較不會出現相容性的問題。而微軟 Windows 作業系統的「記事本」應用軟體，原始用途就是編輯 txt 文件，其實便是記錄相容性資料最方便的工具。讀者可以拿記事本和 Office Word 相較，應該就能理解 Word 文件本身有太多應用框架，不一定能和其他應用程式相容。

## 取得雲端資料連結

在下一節的專案練習中，我們會以優化 3-5 完成的的音樂播放器專案來練習，因此在這一節我們先將內容有 Chapter3 應用到的三首音樂曲目的 txt 檔案上傳雲端，並取得該資料的連結網址。

現在如〈圖 5-1-3〉所示，開啟一個空白記事本，將想要播放的音樂檔案路徑直接寫入，儲存為「PlayList.txt」記事本類型檔案〈圖 5-1-3〉。

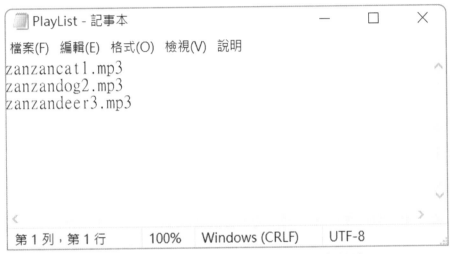

〈圖 5-1-3〉：開啟空白記事本，將想要播放的音樂檔案路徑寫入

接著將「PlayList.txt」檔案上傳到 Dropbox，點選「共享」〈圖 5-1-4〉。

〈圖 5-1-4〉：利用「Dropbox」雲端檔案儲存共享服務

點選「建立」並複製連結〈圖 5-1-5〉。

〈圖 5-1-5〉：點選「建立」後，該行文字會轉換成「複製連結」，再點按一下「複製連結」

如〈圖 5-1-6〉所示，原始複製的連結未尾會是「dl=0」，這是表示當程式在向 Dropbox 伺服器請求取得網頁時附加的參數，以這個網址瀏覽網頁，發現會是在 Dropbox 框架內呈現資料。

在此要注意的是，必須手動將連結後面「dl=0」改成「raw=1」〈圖 5-1-6〉，以修改後的連結網址瀏覽網頁，發現不會再有 Dropbox 的框架，瀏覽器呈現純粹的記事本內容，這個步驟對於 App Inventor 取得網路資料相當關鍵，能避免資料出現相容性問題。

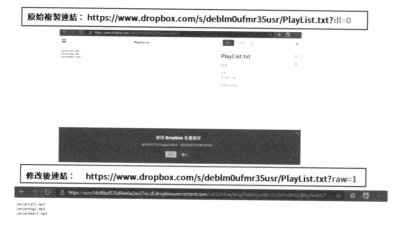

〈圖 5-1-6〉：修正連結網址尾端的「dl=0」為「raw=1」，避免連結的網頁出現相容性問題

發現改為「raw=1」後,實際瀏覽網址和一開始所輸入的不同,這是因為 Dropbox 自動重新導向的緣故,以便讓瀏覽器直接處理檔案,以手機 APP 程式而言,也就是直接取得檔案資料。

對這方面有興趣的讀者,可以參考 Dropbox 說明中心的文件〈圖 5-1-7〉:「如何強制檔案在瀏覽器中開啟」。內容就提到了重新導向,這便是為何在上個步驟於瀏覽器輸入結尾為「raw=1」網址,會自動跳轉到另一個網頁的原因。

〈圖 5-1-7〉:可參閱 Dropbox 說明中心針對「如何強制檔案在瀏覽器中開啟」的說明

Dropbox 前身為「Evenflow, Inc.」於 2007 年由麻省理工學院的學生創立,2009 年正式命名為 Dropbox,算是很早期的雲端檔案儲存共享服務商。當初在雲端概念尚未成熟時,Dropbox 的出現讓所有使用者都感受到全新的網路時代來臨。本小節以 Dropbox 為例,一方面是致敬 Dropbox 在這個領域所做出的貢獻,另一方面也是作為本書接下來手機雲端資料應用的開場白。

## 5-2　程式透過雲端連結讀取 txt 檔案　搭配專案檔：ZNote_v1

先前 Part1 為 App Inventor 基本介紹，在處理資料的實務上會遇到一些困難（見第 138 頁），因此，本書 Part2 著重於 App Inventor 資料處理的相關設計。同樣分成四個章節，每章會從 Part1 的「一個專案」增加為數個不同面向的專案，方便大家參考與學習。另外，和 Part1 後面的章節一樣，在學到新的概念技術之後，就會回過頭完善先前設計好的初版 APP 程式範例。

### 畫面編排

首先，我們以先前 Chapter3 的音樂播放器為例，在 Chapter3 中，音樂檔案都是透過 App Inventor 程式介面上傳，現在除了要改為讓 APP 透過雲端連結取得資料外，還要優化一個部分：在播放音樂時，也能在螢幕上顯示出當下播放的曲目名稱。本節就以簡單的音樂播放器專案來介紹 App Inventor 如何應用 Dropbox 雲端資料來達成。

現在，將 3-5 的程式另存專案，命名為「ZNote_v1」，於「元件面板 >通訊」中，將「網路」元件加到「工作面板」中〈圖 5-2-1〉，如同輔助視窗說明：「非可視元件，用於發送 HTTP 的 GET、POST、PUT 及 DELETE 請求」，這是網際網路的專業術語，可以把它解讀為 APP 連線取得網路資料的功能。

〈圖 5-2-1〉：將「網路」元件加至「工作面板」中

## 程式設計

於「方塊」選取「網路 1」元件，可以看到有相當多關於網路資料的功能，其中最重要的當然是特定網頁的網址：「設網路 1. 網址為」，以此確定所要瀏覽的網頁〈圖 5-2-2〉。

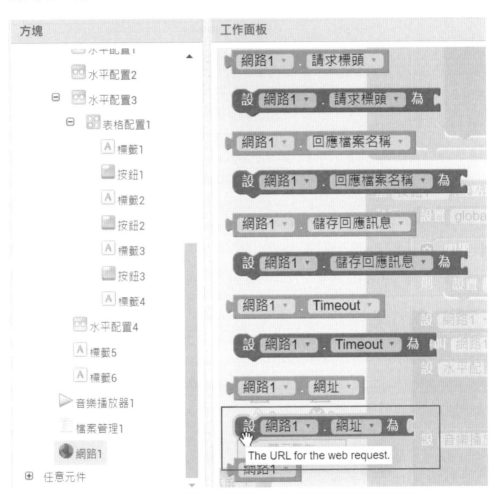

〈圖 5-2-2〉：使用「設網路 1. 網址為」方塊，以此確定所要瀏覽的網頁

確認所要瀏覽的網址頁面之後，App Inventor 最重要任務是要取得網頁資料，所以也會把「當網路 1 取得文字…執行…」這個方塊放入待會的程式設計中〈圖 5-2-3〉。

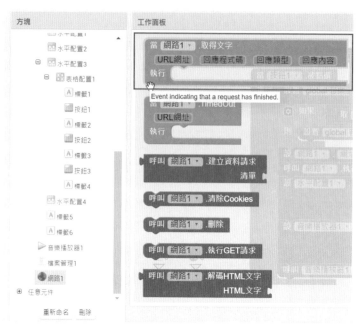

〈圖 5-2-3〉：確認要瀏覽的網頁網址後，使用「當網路 1 取得文字…
執行…」讓程式讀取網頁資料

　　接著開始進行程式方塊組合，「當按鈕 1 被點選」時，設置「網路 1」
的網址為上一小節〈圖 5-1-6〉提及的「結尾為『raw=1』的 Dropbox 共享檔案
連結」，工作任務是「呼叫網路 1. 執行 GET 請求」〈圖 5-2-4〉，作用類似於
讓手機像瀏覽器一樣前往這個網頁。

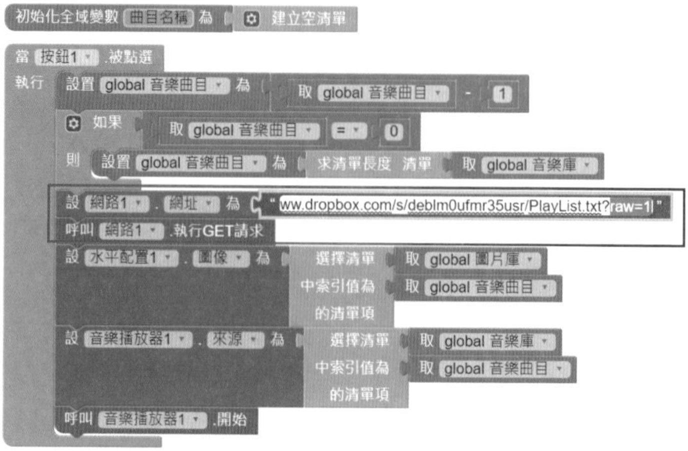

〈圖 5-2-4〉：設計當「上一首」（按鈕 1）被點選時程式執行的動作，最關
鍵的是設置網址以及執行前往該網頁的動作

接著設計另一個方塊集，「當網路 1. 取得文字」時，這裡先設定一個判斷條件，「如果⋯取回應程式碼 =200」時，將雲端網頁所回應資料透過功能元件「CSV 表格轉清單」，將 CSV 文字設置為「曲目名稱」的變數內容，然後再依照目前播放「音樂曲目」的索引值，設「標籤 5. 文字」為相對應的「曲目名稱」〈圖 5-2-5〉。

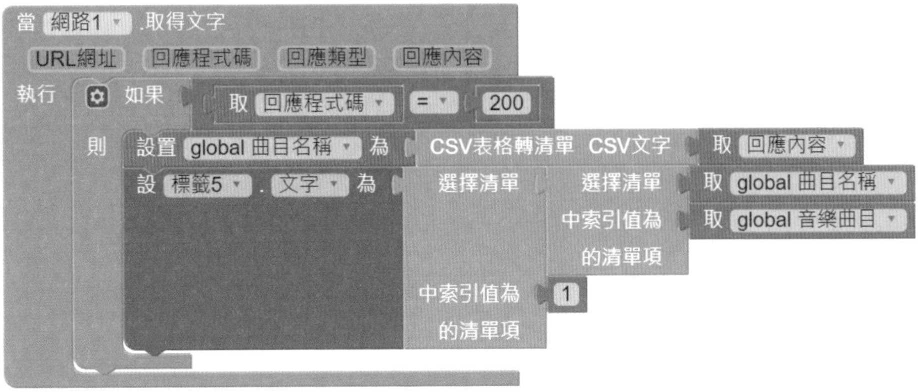

〈圖 5-2-5〉：此方塊集為設計當手機螢幕下方會顯示正在播放的該首曲目之名稱

參考 5-1〈圖 5-1-3〉的「PlayList.txt」文字檔，假設現在手機是播放第一首歌，那麼標籤 5 應該會顯示「Zanznacat1.mp3」。

讀者在這裡可能對於「回應程式碼」和「CSV 表格」有點陌生，接下來我會先說明什麼是「回應程式碼」。而「CSV 表格」的部分，讀者可以先參看第 157 頁的 Memo 內容初步了解。

關於「HTTP 狀態碼」，也即「回應程式碼」，參考 Mozilla「給開發者的網頁技術文件」〈圖 5-2-6〉，它是表明一個瀏覽網頁文件的請求是否已經完成的回應標準狀態，主要分為五種，其中最常見的是「成功回應」中的「請求成功」，其代碼為「200」，每一個代碼的詳細定義，可參考 https://developer.mozilla.org/zh-TW/docs/Web/HTTP/Status。

## HTTP 狀態碼

給開發者的網頁技術文件 ❯ HTTP ❯ HTTP 狀態碼

**Jump to section**

資訊回應
成功回應
重定向訊息
用戶端錯誤回應
伺服器端錯誤回應
瀏覽器相容性

HTTP 狀態碼表明一個 HTTP 要求是否已經被完成。回應分為五種：

1. 資訊回應 (Informational responses, 100 – 199 )，
2. 成功回應 (Successful responses, 200 – 299 )，
3. 重定向 (Redirects, 300 – 399 )，
4. 用戶端錯誤 (Client errors, 400 – 499 )，
5. 伺服器端錯誤 (Server errors, 500 – 599 )。

〈圖 5-2-6〉：Mozilla「給開發者的網頁技術文件」中有關 HTTP 狀態碼的說明頁面

　　在程式設計方塊集中加入「回應程式碼」的設計，原理和使用一般瀏覽器相同，手機瀏覽各種網頁也可能遇到種種狀況，為避免程式因為瀏覽不順利而卡住或跳錯，上個步驟特地加了一個判斷條件，如果「回應碼 =200」才針對所得到回應內容進一步處理。

　　附帶一提，Mozilla 是開發 Firefox 瀏覽器的非營利組織，讀者對於網頁技術有興趣，可以參考其網路相關說明文件。

## ▌驗證執行

手機端測試程式，果然在播放每一首曲目時，下方（標籤5）都會顯示所播放的 mp3 文件名稱（變數「曲目名稱」）。注意到上個步驟是在「按鈕1」（播放前一首）設定，如果想要在「按鈕2」（播放）和「按鈕3」（播放下一首）也發揮顯示名稱的作用，設計相同的程式設定即可。

在上一小節已經提到，其實在 App Inventor 本來有個「檔案管理」元件，可以直接讀取手機內部空間的檔案資料，因為安卓系統升級緣故，改為讀取網路檔案。這麼做雖然突破系統限制，但在本小節 HTTP 回應碼的介紹，就能領會讀取雲端空間檔案相對較不穩定，在速度上也可能會延遲，讀者如果自己測試時，可能需要稍微等待程式讀取資料，等到讀取完成，才會顯示出資料。

〈圖 5-2-7〉：將「按鈕1」、「按鈕2」、「按鈕3」都設計為點選後畫面下方便會顯示所播放的 mp3 文件名稱，完成畫面如上

## ▶ 5-3 程序方塊的執行方式

搭配專案檔：ZNote_v2

　　在上一節的末尾，提到同樣的程式方塊在三個按鈕都要設置，雖然 App Inventor 可以將組合好的方塊複製貼上，但在實際操作時會發現非常耗時，而且程式設計像在一個類似無限延展的 Word 文件空間編寫，沒有篇幅限制，App Inventor 則像是在一個白板上拼拼圖，如果要在每個按鈕都設置許多的方塊組合，整體會顯得雜亂，還有可能出現空間不足的問題。對此，App Inventor 提供一個稱之為「程序」的內件方塊，非常適合目前的專案使用，這一節除了介紹「程序」方塊，也會針對上一節清單設置的部分補充說明。

## ▌程式設計

　　來到程式設計介面，可以看到左側「內件方塊」的最後一項即為「程序」，點選後，選擇「定義程序 程序名 執行……」，將游標移到方塊上，可看見輔助說明為「執行完成後不回傳結果」，意思是這個是單純定義一個程式內部可引用的模塊，其作用待我們繼續往下操作會更加清楚。

〈圖 5-3-1〉：內件方塊最後一項為「程序」

如〈圖 5-3-2〉所示，定義一個「顯示曲目名稱」的程序，把上一節關於取得網頁資料和設定標籤文字的方塊複製放入，再沿用上一節「當網路 1. 取得文字」的程式，然後於「按鈕 2」方塊中增加「呼叫顯示曲目名稱」。

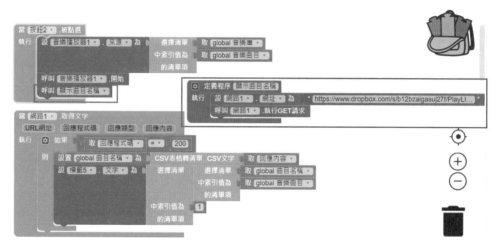

〈圖 5-3-2〉：定義「顯示曲目名稱」的程序，把上一節關於讀取檔案和設定標籤文字的方塊複製進去，然後於按鈕方塊中增添程序方塊「呼叫 顯示曲目名稱」

程序方塊的用法，是賦予組合好的方塊一個名稱，然後在其他地方只要引用此名稱即可。手機測試結果和上一節相同，接下來我們進行下個步驟，會更瞭解其用法。

## 取得雲端資料連結

新建另一個記事本檔案，名稱為「PlayList2」〈圖 5-3-3〉，除了像〈圖 5-1-3〉列了三行音樂檔案名稱之外，在第一行先加個逗號，再加上另一個音樂檔案，和本章 5-1 同樣方式（第 143 ～ 145 頁），存檔後上傳到 Dropbox 空間，設置為共享，並修改網址末尾為「raw=1」後，在網頁上會看到一模一樣的記事本內容。

〈圖 5-3-3〉：上傳至 Dropbox，獲取雲端連結

## 畫面編排

為了更好測試引用記事本清單的效果，於「工作面板」的手機螢幕最下方，先新增一個「水平配置」和「表格配置」元件，再新增四個標籤（標籤6到標籤9）。

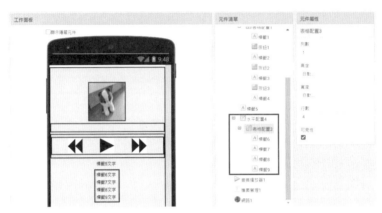

〈圖5-3-4〉：新增一個「水平配置」和「表格配置」元件及四個「標籤」元件

## 程式設計

接著我們來設計「標籤6～標籤9」的程式〈圖5-3-5〉，列表如下：

| 標籤名 | 程式設計 | 涵義 |
|---|---|---|
| 標籤6 | 取得變數「曲目名稱」所有內容 | 取得「PlayList2」記事本文字檔案的內容 |
| 標籤7 | 取變數「音樂曲目」的索引值，再以此索引值取得變數「曲目名稱」中的對應清單項，目前此值是預設的1 | 取得清單中的第一項內容 |
| 標籤8 | 直接以數字2作為索引值 | 取得清單中「曲目名稱」的第二項內容 |
| 標籤9 | 先取得清單中的「曲目名稱」，再取得第一大項中的第二項目 | 對照〈圖5-3-3〉的記事本內容，即是取得第一行中逗點隔開的第二項內容：小白《思念》.mp3 |

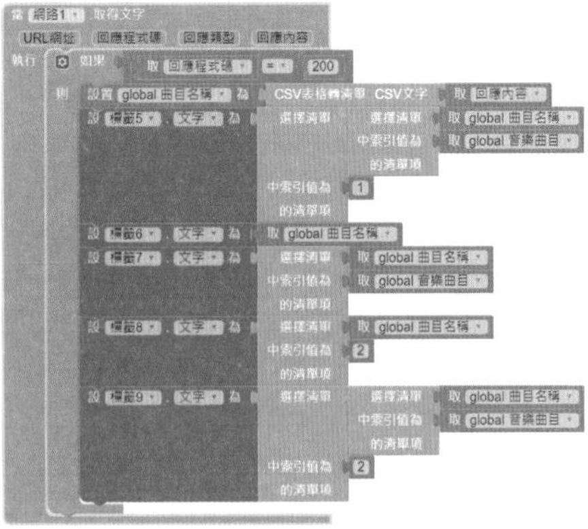

〈圖5-3-5〉:「標籤6～標籤9」的完整設計

## 驗證執行

手機安裝APP實際測試。剛開始執行時,程式只有讀取Dropbox共享「PlayList2.txt」檔案,將CSV表格轉為文字清單「曲目名稱」,尚未有任何其他的動作,因此標籤5到標籤9的文字都是預設值〈圖5-3-6.1〉。

〈圖5-3-6.1〉:標籤5到標籤9的
文字都是預設值

這時候按一下中間的播放按鈕〈圖
5-3-6.2〉，除了上一節所顯示的曲目名稱
之外，「標籤 6」第一行可以看出它是以
「（）括號」來分隔項目，其結構大致
為「（（A1 A2）（B）（C））」，A、
B、C 是三個大項目，第一項的 A 本身又
有 A1 和 A2 兩個子項目，同樣對照先前
的記事本內容〈圖 5-3-3〉），可知每一行
是大項目，同一行中又以逗號分隔開各個
小項目。「標籤 7」和「標籤 8」分別顯
示「第一大項」和「第二大項」，注意，
項目兩邊都有括號，表示它同為一系列清
單，只是剛好第二大項僅有一個子項目。
「標籤 9」則是「小白《思念》.mp3」，
亦即第一大項的第二個小項目，依前述的
結構便是 A2 項目，依記事本內容是第一
行的第二項，注意到它是沒有括號的，是
純粹的資料內容。

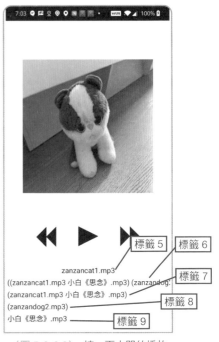

〈圖 5-3-6.2〉：按一下中間的播放
按鈕

接下來，如果是點接上一首或下一
首，音樂會正常播放，標籤 5 的曲目名稱
也會正常顯示。但如果是在第二首或第三
首按中間的播放鍵，程式會跳出錯誤提
示，然後自動結束程式〈圖 5-3-6.3〉。

參考這個錯誤提示的說明，再回去看
App Inventor 的程式代碼方塊，在音樂曲
目是 2 或者 3 的時候，標籤 9 要選擇清單
「曲目名稱」的第二或第三大項的第二小
項，但是如前面所述，第二和第三大項其
實只有一個小項，沒辦法執行，因此系統
提示錯誤並退出。

〈圖 5-3-6.3〉：如果是在第二首或第
三首按中間的播放鍵，程式會跳出錯
誤提示。

本章目前的範例程式讀取的都是 txt 文字檔，都利用到「CSV 表格轉清單…CSV 文字」這個內件方塊，將 CSV 文字表格轉化為 App Inventor 資料格式的清單，因此，有必要瞭解 CSV 的性質。

### ::: Memo ::::::::::::::::::::::::::::::::::::::::::::::::::::::::::::::::::

CSV，是 Comma-Seperated Values 的縮寫，中文稱之為「逗號分隔值」，或者稱為「字元分隔值」。CSV 是一種簡單的資料庫格式，以換行符區隔每條記錄（record）、以逗號或制表符區隔各個欄位（field），由於其結構規則單純，可以廣泛地以各種軟體書寫、也可以廣泛地被各種程式語言讀取。以這一節範例而言，便是以 txt 文字檔書寫 CSV 內容，App Inventor 讀取作為程式的清單對象。亦可參考維基百科的説明。（https://zh.wikipedia.org/zh-tw/%E9%80%97%E5%8F%B7%E5%88%86%E9%9A%94%E5%80%BC）〈圖 5-3-7〉。

〈圖 5-3-7〉：維基百科的「逗號分隔值」詞條頁面

............................................................................

程式設計是創意發想的過程，給你一個空白畫布，雖然會受限於手上的工具，但是要畫出什麼，很多時候沒有先例可循，不一定有人告訴你該怎麼做，必須自己去摸索。以本章所學，想要設計程式直接讀取手機檔案資料，在過程中最好是像這一節額外設置「標籤 6 到標籤 9」，特別外掛測試後才會更加瞭解 App Inventor 的運作方式，以這個瞭解作為基礎，接下來可以設計更為複雜的程式、發揮更多的潛能。從另外一個角度來看，這是寫程式的樂趣之一，可能焦頭爛額也想不出來，感覺應該對了，測試發現沒反應，挫折感很重，然而一旦摸索成功，相對的成就感是很大的。

## 5-4 專案練習 4：個人密碼保護器　搭配專案檔：ZNote_v3

在前面兩節，沿用了 Chapter3 音樂播放器當成範例，介紹如何讀取 txt 文字檔轉換成 App Inventor 清單。安卓、蘋果系統都有非常多的音樂播放器 APP，而不同 APP 著重點也不同。本書所設計出的音樂播放器仍然有許多進步的空間，不過，我們可以透過目前所學到的「讀取文字檔以建立清單」的技巧，來設計出其它有趣的 APP。

無論是工作還是日常生活中，許多場合都需要輸入密碼，當帳號密碼多了，難免忘記或出錯，市面上有些 APP 專門提供這類服務，標榜只要記住一組密碼，登錄就能看到所有記錄過的帳號密碼，非常實用，這一節就是要利用目前為止在本書所學到的程式設計技巧，在 App Inventor 設計一款「個人密碼保護器」。

### 取得雲端資料連結

首先，我們在記事本先記錄下自己最常使用的六組帳號密碼，每一行是一組（record）、每一組有兩個項目（field），檔名設定為「密碼清單」〈圖 5-4-1〉，接著請讀者利用同 5-1〈圖 5-1-3〉～〈圖 5-1-6〉的方式，將檔案儲存於 Dropbox 雲端空間，並獲取雲端資料連結供接下來的步驟應用。

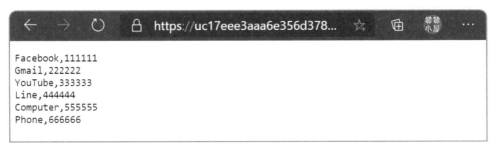

〈圖 5-4-1〉：打開記事本，記下自己最常使用的幾組帳號密碼

## 畫面編排

　　現在開始設計手機操作介面，相較先前章節，參考〈圖5-4-2〉，發現還多了「密碼輸入盒」和「對話框」這兩個「使用者介面」類別的元件。依照輔助說明：「密碼輸入器與普通的文字輸入器元件相同，只是不顯示使用者輸入的字元。」此外，「對話框」的元件屬性雖然僅有三項，但其實有相當多的用途，稍後將繼續介紹。

〈圖5-4-2〉：「密碼輸入盒」和「對話框」這兩個元件位置如上

## 程式設計

　　現在進入「程式設計」，了解「密碼輸入盒」和「按鈕2」（登錄鍵）的程式設計組合方式。

　　首先設定當「按鈕2」被點選後，密碼相符則跳到另一個螢幕，否則代表輸入的密碼不相符，當密碼不相符時，程式會呼叫「對話框」顯示警告訊息「密碼不正確」。從〈圖5-4-3〉可以看到，當我們在方塊中點選「對話框」元件，會出現非常多不同作用的方塊，這裡採用的是相對簡單的「顯示警告訊息」方塊。

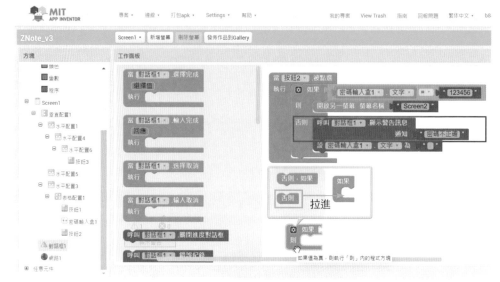

〈圖 5-4-3〉：透過點按藍色小齒輪，就能擴增方塊

接著請看〈圖 5-4-3〉右下角，在內件方塊的「流程控制」方塊中，邏輯判斷流程預設只有「如果…則…」，在此因為想增添一道「否則…」（用於當「密碼不正確」的情況），可以點按方塊左上角的藍色小齒輪，將浮窗裡的「否則」拉至右邊的「如果」方塊裡即可。

## ▌畫面編排

接下來，新增「Screen2」螢幕，主要設置一個「清單顯示器」和一個「按鈕」，實際操作畫面可參考第 162 頁〈圖 5-4-7〉，和「Screen1」一樣，透過「垂直配置」和「水平配置」等「介面配置」元件規劃布局〈圖 5-4-4〉，在本書 Part1 已經詳細介紹過螢幕介面的布局操作，讀者可參考本書所附 aia 檔案〈ZNote_v3〉檢視完整設定。

〈圖 5-4-4〉：可參考本書所附 aia 專案檔〈ZNote_v3〉檢視「Screen2」的完整設定

## 程式設計

如〈圖 5-4-5〉所示，先建立一個清單變數，啟用螢幕時即讀取「密碼清單.txt」檔案，將其文字轉換為清單後，呈現於清單顯示器。注意到這裡是利用 txt 檔案上傳 Dropbox 的共享連結，本書 Part2 皆是使用雲端空間資料，之後的章節還會教授 Google 雲端、Google 試算表、Google 表單、雲端圖片的應用。

最後，我們在「按鈕1」（退出畫面鍵）添加了一個「關閉螢幕」的事件，點選後即跳回原來的「Screen1」螢幕。

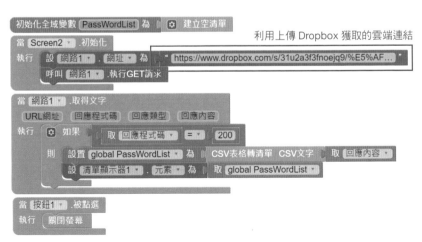

〈圖 5-4-5〉：先建立一個清單變數，啟用螢幕時即讀取雲端空間中的「密碼清單」

## ▌驗證執行

手機測試，先故意輸入錯誤密碼，果然跳出「密碼不正確」的警告訊息〈圖 5-4-6〉。

輸入正確密碼之後，則順利跳到另一個螢幕，除了顯示個人密碼清單之外，下方還出現了「退出畫面」的按鈕（即「Screen2」的「按鈕 1」），只要按下按鈕，就能回到上個步驟的螢幕畫面〈圖 5-4-7〉。

〈圖 5-4-6〉：當輸入錯誤密碼時，跳出「密碼不正確」的警告訊息

〈圖 5-4-7〉：輸入正確密碼，並按下「退出畫面」按鈕，即可回到上個步驟的螢幕畫面

## 5-5 專案練習 5：個人英語單字清單　搭配專案檔：ZNote_v4

　　本章主要介紹 App Inventor 讀取 txt 文字檔並轉化成清單，一開始想利用此方法是因為當資料量大的時候，在程式直接輸入清單很不方便。先前章節的範例資料筆數較少，在呈現時沒有太大困難，這一節則以「英語單字本」為範例，分享當資料量更多時，如何設計 APP 程式顯示。

### 取得雲端資料連結

　　於記事本依照 CSV 特性（CSV 特性可參考第 156 頁 MEMO 處）輸入 25 個英文單字，存檔名「Word Book.txt」，並上傳到 Dropbox 成為雲端資料〈圖 5-5-1〉，記得必須手動將共享連結網址後面的「dl=0」改成「raw=1」。

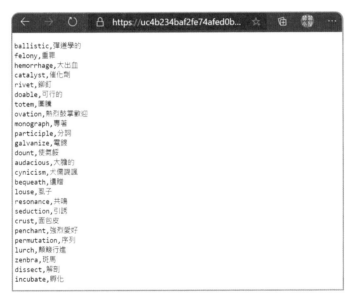

〈圖 5-5-1〉：於記事本依照 CSV 特性輸入 25 個英文單字存檔後，上傳到 Dropbox 以獲得共享網址

### 畫面編排

　　螢幕最上方和上節範例一樣為標題列「英文單字清冊」，中間為清單顯示版塊，下方各為「上一頁」及「下一頁」按鈕，按鈕之間則為顯示目前頁數的標籤（「標籤 2」元件）〈圖 5-5-2〉。

〈圖 5-5-2〉：主畫面編排

## 程式設計

通常在設計大型程式專案時，會先確定邏輯架構流程圖（流程圖可參考第 209 頁〈圖 6-5-6〉），再一一編寫各個子模組。本節專案稍微複雜，但不至於要先規劃流程圖，可如〈圖 5-5-3〉所示，先確認要設定的「變數名稱、資料內容、初始設定」，便可以開始設計程式，基本原則是「先確定資料有幾筆、想要每頁顯示幾筆，即可算出總共會有多少頁」，再「設計公式算出每一頁起始和結束的資料序號」，其中需要特別注意，如果已經來到資料的最後一頁，以本節專案為例，全部有 25 筆資料（25 個單字），則直接設定「結束單字序號」為 25。

| 變數名稱 | 資料內容 | 初始設定 |
|---|---|---|
| VocabularyList | 全部單字清單 | 1-25 |
| PagesNum | 總共清單頁數 | 3 |
| ListPage | 目前顯示頁數 | 1 |
| DisplayList | 目前顯示清單 | 1-10 |
| ListStart | 開始單字序號 | 1 |
| ListEnd | 結束單字序號 | 10 |

VocabularyList長度：25

| | | | |
|---|---|---|---|
| ListPage | 1 | 2 | 3 |
| ListStart | 1 | 11 | 21 |
| ListEnd | 10 | 20 | 25 |

ListStart計算公式：$Y=(X-1)\times10+1$，X=目前頁數
ListEnd計算公式：$Y=X+9$，X=ListStart

最後一頁直接設定結束單字序號為25

〈圖 5-5-3〉：每頁顯示 10 筆，所以會有 3 頁（因為共有 25 筆資料），再算出每一頁起始和結束的資料序號，在最後一頁直接設定結束單字序號為 25

接下來會介紹如何以程式設計實現此概念。首先宣告六個變數〈圖 5-5-4.1〉。開啟 APP 後讀取雲端「WordBook.txt」檔案，標籤 2 顯示「頁數：」和「ListPage」初始值（「1」）」的合併文字，亦即顯示「頁數：1」〈圖 5-5-4.2〉。

〈圖 5-5-4.1〉：設定〈圖 5-4-3〉表列的六個變數

〈圖 5-5-4.2〉：開啟 APP 後讀取雲端「WordBook.txt」檔案，並顯示「頁數：1」

檔案取得文字後，確定程式運作的資料基礎，依照上個步驟各變數的定義設計程式，這裡會用到「數學」類別的內件方塊，例如「進位後取整數」，剛好適合計算清單資料呈現的「總頁數」，其中有個「呼叫 ListCount」方塊〈圖 5-4-4.3〉，可參考 5-2「程序方塊的執行方式」，該方塊具體實現的內容則如下繼續說明。

〈圖 5-5-4.3〉：「數學」類別的內件方塊「進位後取整數」，剛好適合計算清單資料呈現的總頁數

目前完成的程式方塊集如下〈圖 5-5-4.4〉。

〈圖 5-5-4.4〉：「呼叫 ListCount」方塊是「程序」方塊，
如果還不熟悉程序方塊的基本原理，可翻回 5-2 再複習

　　現在，我們開始定義程序「ListCount」方塊的內容，先依照「ListPage」
（目前頁數）計算出「ListStart」（開始資料序號），然後再以此為基礎，
因為每頁顯示 10 筆，原則是「ListEnd」（最末筆資料）為「ListStart」
加上 9，不過必須解決最後一頁尾數的特殊情況，如果是最後一頁，則
「ListEnd」直接指定為清單總長度，亦即最後一筆，於此範例便是 25。

　　確定好要顯示的「第一筆」和「最後一筆」序號之後，運用「內件方
塊」中「流程控制」的「對於任意數字範圍從 1 到 5 每次增加 1 執行……」
方塊，其輔助說明為「按指定範圍和增量依序取值」，這個執行流程是很
多程式語言中都會有的**迴圈**語法，例如 Excel VBA 的寫法是「For i ＝ X to
Y……Next i」。以此處的程式方塊為例，是按照設定好的第一筆和最後一筆
以等差 1 遞增，依序號從全部的「VocabularyList」單字清單取值，生成一個
新的「DisplayList」單字清單。完整方塊集如〈圖 5-5-5.1〉。

::::: **Memo** :::::::::::::::::::::::::::::::::::::::::::::::::::::::::::::::

**迴圈**：當我們需要讓電腦重複執行某一項指令，直到條件成立為止，即
為迴圈。

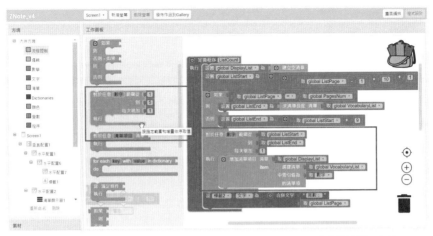

〈圖 5-5-5.1〉：定義程序「ListCount」，其中重點為運用了「流程控制」中的
「對於某個數字範圍以等差遞增取值，並執行……」方塊

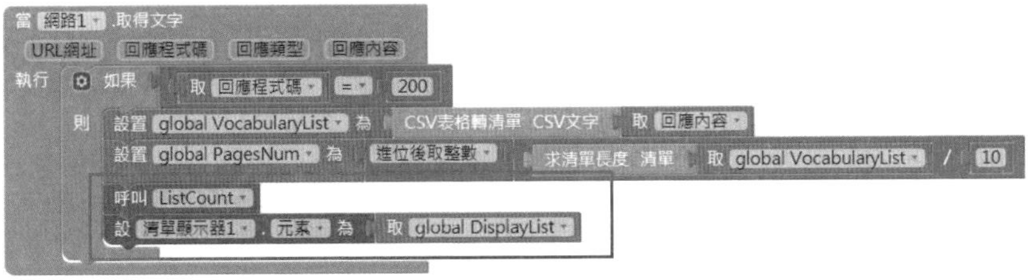

〈圖 5-5-5.2〉：設計程式會依使用者選擇的頁數提取並顯示對應內容

　　執行完「ListCount」程序後，回到上個步驟檔案取得文字後的程式方
塊，清單顯示器會以「DisplayList」作為顯示元素〈圖 5-5-5.2〉，也就完成了
我們在瀏覽這 25 筆英文單字時，程式可以依照我們設定的變數規則，第一
頁會顯示第 1 到 10 筆，第二頁顯示第 11 到 20 筆，第三頁較為特別，顯示第
21 到 25 筆。

　　不過目前為止還差一步，我們還沒有設定好「按鈕 1」（上一頁）和
「按鈕 2」（下一頁）的翻頁程式，那麼，現在準備開始。

　　參考本書 3-4「完整播放功能與更新專輯圖片」中，關於音樂播放器按鈕
「上一首」、「下一首」的結構，當遇到第一頁和最後一頁時會重覆循環顯
示，然後根據「ListPage」執行「呼叫 ListCount」，依照所計算結果顯示清
單〈圖 5-5-6〉。

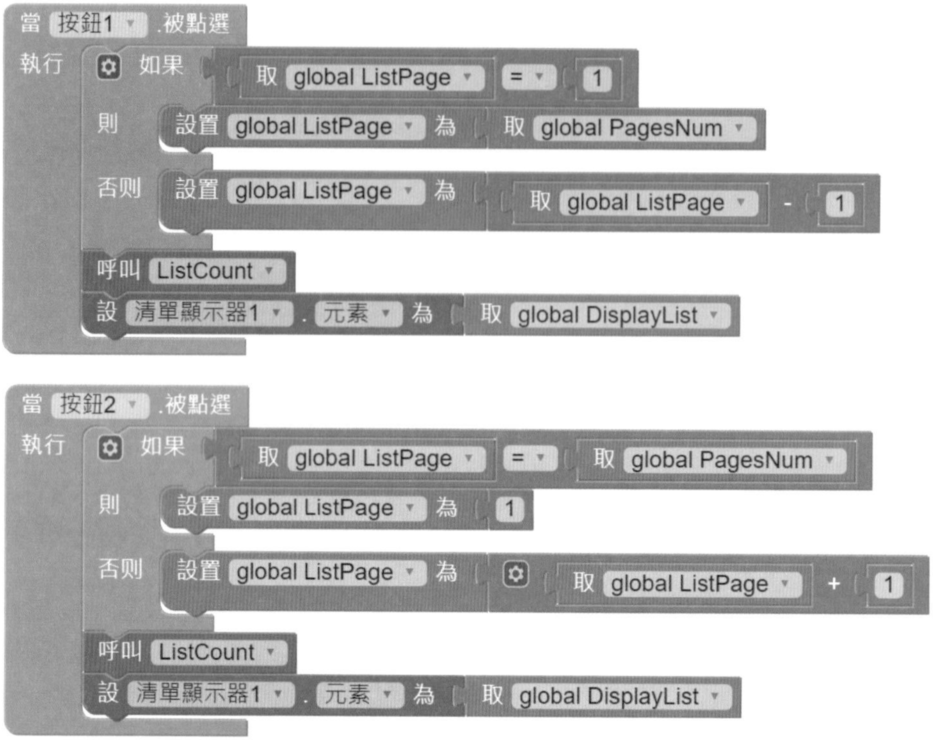

〈圖 5-5-6〉：「按鈕 1」（上一頁）和「按鈕 2」（下一頁）的翻頁程式設計

　　如果仔細注意到上個步驟「ListCount」程序的結構，本書截至目前為止都是單獨在空白的工作面「建立空清單」，但「ListCount」一開始即「設置global DisplayList 為 建立空清單」〈圖 5-5-4.1〉，這麼一來，效果是每次再執行「ListCount」時，會先將清單「DisplayList」清空，然後在程序執行後，程式會根據頁數不同呈現不同的清單項目（英文單字）。

## 驗證執行

　　手機模擬測試，單字顯示正常、頁數顯示正常、上一頁及下一頁按鈕運作正常〈圖 5-5-7〉！

〈圖 5-5-7〉：手機模擬測試，確認完頁數 1～3，OK

　　這一節在資料筆數再增多的情況下，希望以某些規則讓資料有序呈現，其中用到了「變數設定、數學計算、邏輯控制」等方式，我們在設計其他程式處理大量資料時也會出現相同的需求，用到的技巧也很類似，這也是本書 Part2 資料處理所要學習的重點之一。

　　本節範例的 25 筆資料，以頁數來算，其實總共也就三頁，因此本節設置「上一頁、下一頁」兩個按鈕已然足夠，可想見當資料筆數更多、達到上百筆甚至上千筆時，很明顯一頁一頁翻並不符合使用者的需求，遇到這種情形，我們常見的是可以「直接跳轉到第幾頁」的功能，利用先前學過的「文字輸入盒」配合「按鈕」元件（見本書 4-3〈圖 4-3-4〉）應當能實現，有興趣的讀者可自行嘗試。

# 5-6 專案練習 6：電子書（基礎）

搭配專案檔：ZNote_v5

本章重點是讓 App Inventor 讀取雲端 txt 文字檔，前面章節都是轉換成資料清單使用。不過 txt 檔究其本質為文字編輯的應用軟體，比較自然的應用是文字紀錄，所以其實相同方法也能設計手機的文字閱讀應用，在這個章節先以文字量較少的《般若波羅密多心經》為範例，搭配 App Inventor 中的「計時器」元件，介紹如何製作一款簡單又稍具特色的個人專屬電子書 APP。

## 取得雲端資料連結

首先將《般若波羅密多心經》全文複製到記事本上，並將 txt 檔上傳至 Dropbox 雲端共享空間〈圖 5-6-1〉。

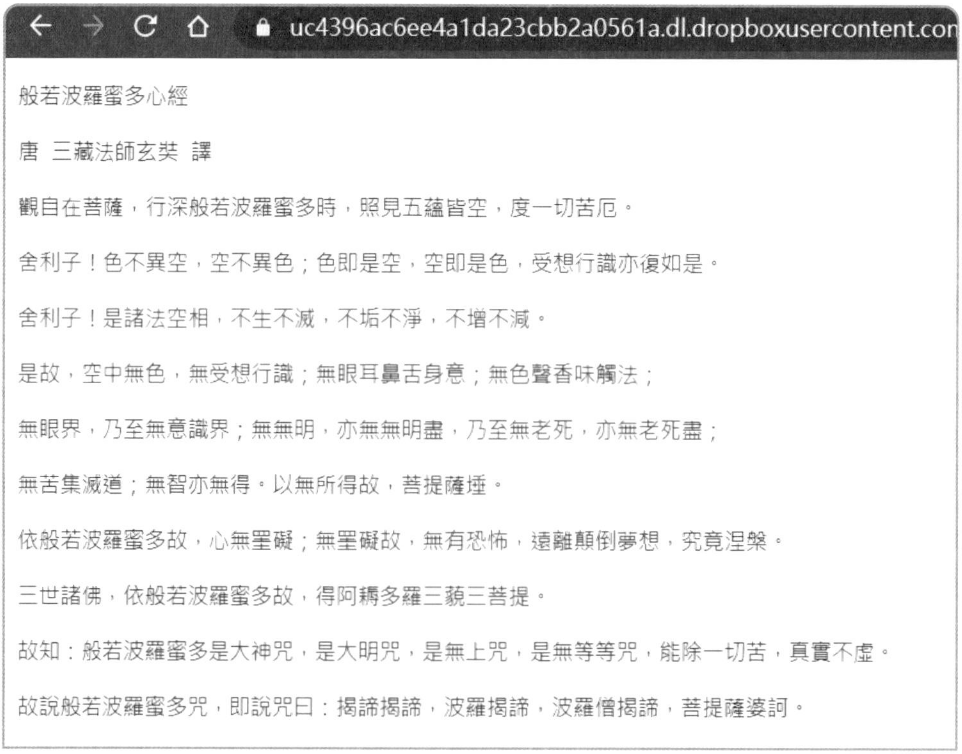
uc4396ac6ee4a1da23cbb2a0561a.dl.dropboxusercontent.con

般若波羅蜜多心經

唐 三藏法師玄奘 譯

觀自在菩薩，行深般若波羅蜜多時，照見五蘊皆空，度一切苦厄。

舍利子！色不異空，空不異色；色即是空，空即是色，受想行識亦復如是。

舍利子！是諸法空相，不生不滅，不垢不淨，不增不減。

是故，空中無色，無受想行識；無眼耳鼻舌身意；無色聲香味觸法；

無眼界，乃至無意識界；無無明，亦無無明盡，乃至無老死，亦無老死盡；

無苦集滅道；無智亦無得。以無所得故，菩提薩埵。

依般若波羅蜜多故，心無罣礙；無罣礙故，無有恐怖，遠離顛倒夢想，究竟涅槃。

三世諸佛，依般若波羅蜜多故，得阿耨多羅三藐三菩提。

故知：般若波羅蜜多是大神咒，是大明咒，是無上咒，是無等等咒，能除一切苦，真實不虛。

故說般若波羅蜜多咒，即說咒曰：揭諦揭諦，波羅揭諦，波羅僧揭諦，菩提薩婆訶。

〈圖 5-6-1〉：將《般若波羅密多心經》文字複製到記事本上，存檔後上傳 Dropbox 取得共享網址

## ▌畫面編排

　　本節範例特別新增「元件面板」中「感測器」類別的「計時器」元件，其主要有兩大功能：「以固定的時間間隔來觸發事件」以及「實現各種時間單位之間的轉換和處理」，待會實際設計程式並介紹其用法，這裡先注意到其元件屬性不多，僅有三項，將「時間間隔」設定為「1000」〈圖 5-6-2〉，它的單位是毫秒，一毫秒等於千分之一秒，所以一千毫秒等於一秒。另外，我們先為「Screen1」設定喜歡的背景圖片〈圖 5-6-3〉（顯示效果可先參考第 175 頁〈圖 5-6-7〉），這項操作相對簡單，讀者在 Part1 的學習基礎上，在此應該不會遇到困難，亦可參考本書所附範例檔案〈ZNote_v5〉操作。

〈圖 5-6-2〉：「元件面板」中「感測器」類別的「計時器」元件

〈圖 5-6-3〉：為自己的電子書設定一個適合的背景圖片

## ▌ 程式設計

先設定螢幕初始化方塊：當電子書 APP 開啟時，會在第一個螢幕畫面停留三秒，接著才進入書籍內文。

計時器元件應用的程式設計如下圖所示。首先需要「Now1」和「Now2」兩個變數〈圖 5-6-4.1〉。即開啟「Screen1」（程式啟動）時，將開始計時，同時將「Now1」設定為目前時間加三秒，亦即三秒後〈圖 5-6-4.2〉。接著計時器按照上個步驟所述，每 1 秒作為間隔觸發事件，每 1 秒都會設置「Now2」為當下時間，判斷當下時間是否為三秒後（Now2 = Now1），是，則結束計時器，開啟「Screen2」；否，則結束所觸發事件，繼續計時，如〈圖 5-6-4.3〉所示。

〈圖 5-6-4.1〉：宣告「Now1」和「Now2」兩變數

〈圖 5-6-4.2〉：開啟 Screen1 時，開始計時，將「Now1」設定為目前時間加三秒

〈圖 5-6-4.3〉：每 1 秒作為間隔觸發事件，每 1 秒都會設置「Now2」為當下時間，判斷當下時間是否為三秒後（Now2 = Now1），是，則結束計時器並開啟「Screen2」

全部程式結合如〈圖 5-6-4.4〉，背景圖片會持續顯示三秒，然後跳到下一個螢幕畫面。以本節範例來說，會先展示寺廟圖片再進入心經全文。

〈圖5-6-4.4〉：設計點開APP後，首先會顯示指定的圖像3秒鐘，
接著再開啟另一螢幕畫面顯示文字內容

　　現在，設計第二個螢幕畫面「Screen2」，也就是書籍內文的畫面。螢幕
上方一行為標題列、中間是呈現書內文的標籤元件、下方一行預計是結束程
式（結束閱讀）的功能按鈕。這裡特地將「Screen2」的元件屬性「螢幕方
向」設定為「鎖定直式畫面」和勾選「允許捲動」，主要是配合電子書文字
較多、並且維持手機直式畫面較方便閱讀〈圖5-6-5〉。

〈圖5-6-5〉：設定螢幕方向為「鎖定直式畫面」和勾選「允許捲動」

「Screen2」的程式設計相對簡單〈圖 5-6-6〉，開始畫面後即讀取「心經 txt 文字檔」，「標籤 1」展現為所讀取到的文字內容，當最下方的「按鈕 2」（結束閱讀）被點選了，表示閱讀完畢，可以結束退出程式。App Inventor 提供相當多流程控制，先前都是使用螢幕之間跳轉，這裡則是直接結束程式運作。

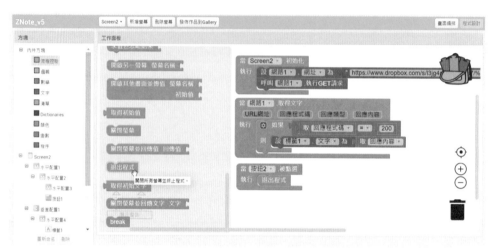

〈圖 5-6-6〉：「Screen2」的程式方塊集相對簡單

## ▌驗證執行

手機執行測試，程式會先顯示擇定的圖片三秒後再顯示內文，並且可以垂直捲動方式閱讀全文，最後則會出現「結束閱讀」按鈕〈圖 5-6-8〉。第一次開啟程式要讀取雲端檔案時，也許要稍候一下，但應該不至於影響操作體驗〈圖 5-6-7〉。

〈圖 5-6-7〉：第一次開啟程式要讀取雲端檔案
時，可能需要稍候一下

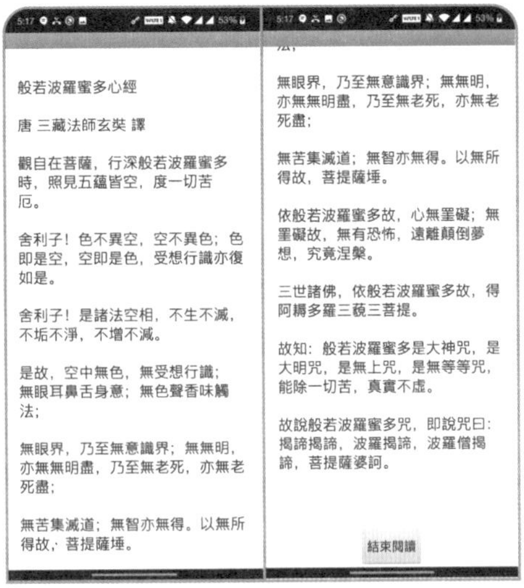

〈圖 5-6-8〉：閱讀書籍全文，最後有「結束閱
讀」按鈕

　　本節範例是文字內容相對簡短的資料，通常一本書的字數多達數萬字，直接以本節 APP 程式讀取可能不易閱讀，將 txt 文字檔轉換為清單的方式，適合少量資料使用，資料量大時，會有文字內容難以編輯處理的問題。不過為了讓大家循序漸進理解資料處理的方式，本書隨著程式設計的複雜程度編排，我們在下一章會進一步利用相當普遍的 Excel 或 Word 軟體處理資料，最後再轉換成 App Inventor 可讀取的檔案格式。

# Chapter 6 | 將 Excel 報表、Word 檔匯入 APP

▼ **你將學會** ——

- Excel 檔案上傳 Google 雲端硬碟
- Google 試算表分享 Excel 資料表
- 多螢幕程式中向其他螢幕傳送文字
- 透過 Google 試算表取得 Excel 報表
- 文字比較確定操作者所選擇年份
- 多重判斷設定不同年份的網址連結
- 依操作者選擇決定螢幕的標題文字
- 改變預設值合併三個以上文字字串
- 兩大項目清單分割重組為單一清單
- 兩欄位 Excel 報表於 APP 相互查詢
- 利用資料庫元件記憶操作者查詢頁數
- 下拉選單選擇特定頁數瀏覽報表資料
- 多欄位報表選擇特定欄位重組清單
- 以圖標方式呈現瀏覽器功能按鈕
- 繪製流程圖規劃多螢幕大型 APP 專案
- Word 另存為 txt 檔為手機程式所讀取
- Word 設置關鍵字並設計程式自動分解重組
- 依關鍵字所在位置及資料規則重組清單
- 外部資料儲存於微型資料庫多螢幕共享

# Excel 檔上傳 Google 雲端取得連結網址

在上一章 Chapter5 介紹了 APP 如何讀取 txt 文字檔作為資料來源，txt 檔案由於格式單純，方便被各種程式語言讀取，但也因為它功能簡單，所以很難執行大批量資料的編輯處理。從這個角度而言，Excel 是職場上最普遍而強大的資料處理工具，常見的報表皆為 Excel 檔案編製儲存，那麼，如果能將 Excel 資料轉換為 .txt 文字檔或 .csv 檔案格式，這樣手機就可以讀取大多數的工作資料，非常方便。

另外，上一章我們將資料上傳到 Dropbox 空間，本章將會把 Excel 檔案上傳至 Google 雲端成為試算表文件，原因除了 Google 更為普及外，同時也是因為 Google Sheet 和 Excel 資料結構類似，較容易整合。

首先，以筆者著作《人人做得到的網路資料整理術》一書第三章「Excel借閱排行」的檔案為例（讀者可透過本書作者簡介下方的 QRcode 連結，下載每一章所需要的素材檔以及專案檔使用），當時是以 Excel VBA 程式取得2014 ～ 2016 三個年度的清華大學圖書借閱排行榜，分成三個 Excel 檔案〈圖6-1-1〉。

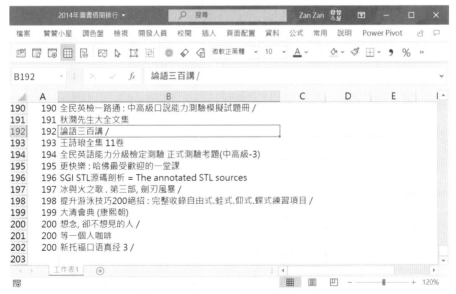

〈圖 6-1-1〉：「2014 年圖書借閱排行」內容

開啟網頁瀏覽器，進入 Google 雲端硬碟，點按滑鼠右鍵就會出現一快捷選單，點選「上傳檔案」〈圖 6-1-2〉。

〈圖 6-1-2〉：點按滑鼠右鍵後選擇「上傳檔案」

將 2014 ～ 2016 年圖書借閱排行 Excel 檔案上傳〈圖 6-1-3〉。

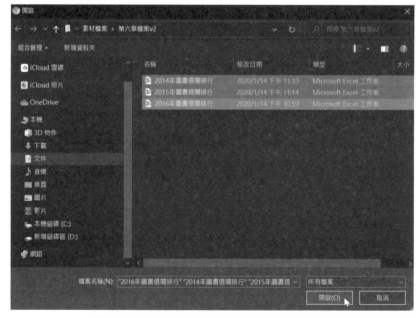

〈圖 6-1-3〉：上傳三個 Excel 檔案至 Google 雲端硬碟

上傳三個 Excel 檔案後，選擇其中一個檔案後點按滑鼠右鍵：移至「選擇開啟工具」>點按「Google 試算表」〈圖 6-1-4〉。

〈圖 6-1-4〉：「選擇開啟工具」>「Google 試算表」，開啟已製作好的 Excel 報表檔案

在 Google 試算表上可以看到和 Excel 類似的操作介面，接著從上方工具列的「檔案」中點按「發布到網路」〈圖 6-1-5〉。

〈圖 6-1-5〉：在「Google 試算表」中點選「檔案」>「發布到網路」

為了資料結構單純起見，選擇以「.csv」檔案格式發布，方法是在「發布到網路」視窗中，設定為「工作表 1」及「逗號分隔值（.csv）」，最後按「發布」〈圖 6-1-6〉。

〈圖 6-1-6〉：選擇「工作表 1」、「逗號分隔值（.csv）」後，點選「發布」以取得網址

如此便取得了公開的「2014 年圖書借閱排行」文件連結網址〈圖 6-1-7〉，至於 2015、2016 年的圖書借閱排行，也依照同樣流程取得公開網址。原理和 5-1 上傳至 Dropbox 相同，同樣可供手機 App Inventor 程式讀取。

# 發布到網路 ✕

這份文件已經在網路上發布。

將您的內容發布到網路上即可供所有人檢視。您可以提供您的文件連結，也可以嵌入您的文件。瞭解詳情

| 連結 | 內嵌 |
|------|------|

工作表1 ▾　　逗號分隔值

按下「**Ctrl+C**」即可複製。

fHnzPKfBAsScweQXl2aaHQbg/pub?gid=263809637&single=true&output=csv

其他共用這個連結的方式：　

注意：檢視者可能可以存取已發布圖表的基礎資料。瞭解詳情

已發布

▸ 已發布的內容與設定

〈圖 6-1-7〉：取得公開連結網址以便應用於手機 APP 中

　　最後這裡簡單補充一點。上一章我們將資料上傳 Dropbox 時，要手動將連結後面「dl=0」改成「raw=1」，目的是去除掉 Dropbox 應用框架，更方便手機程式讀取，而這裡利用 Google 試算表，在資料發布到網路時，特地選擇「逗號分隔值（.csv）」，其作用除了去除掉 Google 應用框架，就不必再針對網址調整之外，同時也如同 5-2 提到，由於 .csv 檔案格式的結構規則單純，容易為其他程式讀取使用。

## 6-2 專案練習 7：圖書借閱排行榜 　搭配專案檔：ZCSV_v1

上一小節以三個年度的借閱排行榜為例，說明了如何將 Excel 檔案上傳到 Google 雲端，並轉換為 Google 試算表再發布到網路、取得該檔案的雲端連結。這一節便以這些排行榜為資料，沿用本書 5-5「個人英語單字清單」的操作介面及程式架構，設計一款查詢排行資料的手機 APP。

### ▌畫面編排

螢幕「Screen1」的畫面編排〈圖 6-2-1〉，除了上方標題列以按鈕文字呈現「歷年圖書借閱排行」，工作面板中間則是規劃三個文字按鈕，分別是「2014」、「2015」、「2016」，注意到背景顏色和文字顏色都做了些修改，讀者也可依自己喜好調整，使畫面設計更具個人特色。

〈圖 6-2-1〉：螢幕「Screen1」畫面編排

### ▌程式設計

接著進入螢幕「Screen1」程式設計。「按鈕 2」（2014）、「按鈕 3」（2015）、「按鈕 4」（2016）三個按鈕，同樣是開啟「Screen2」，也就是第二個螢幕畫面，特別的是，要選擇「流程控制」方塊中有帶有「初始值」的元件：「開啟其他畫面並傳值螢幕名稱……初始值……」，表示在多重畫面應用中開啟其他螢幕，並傳送初始值過去，這裡是分別將三個檔案的名稱當作傳送值〈圖 6-2-2〉。

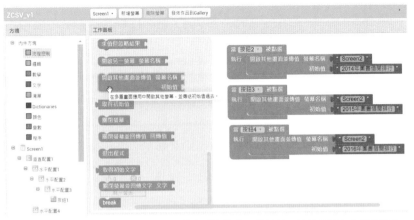

〈圖 6-2-2〉：選擇「流程控制」中有帶有「初始值」的元件，並且直接在文字方塊中
輸入三個檔案的名稱（○○○○年圖書借閱排行）當作傳送值

## 畫面編排

　　螢幕「Screen2」的畫面編排〈圖6-2-3〉中，標題列的「按鈕1」、「標籤1」、「標籤2」都是動態的，分別顯示「目前頁數」和「總頁數」，表示內容不固定，會隨著情況而變。中間為清單顯示器、下方為三個功能按鈕（具體呈現可先參考第 186 頁〈圖6-2-7〉右方畫面），與先前 5-5「個人英語單字清單」APP 範例十分類似。

〈圖 6-2-3〉：螢幕「Screen2」畫面編排

## ▌程式設計

　　螢幕「Screen2」的程式設計。因為本範例有三個 Google 雲端試算表檔案，分別會有三個網址連結，而三個連結對應的是操作者於「Screen1」所選擇的年份，因此配合第二個步驟傳過來的初始值，先宣告初始化變數「Google 試算表網址」，接著定義「確定網址」程序，利用多重邏輯判斷的流程控制方塊，依照操作者的年份選擇設置變數值，亦即確定相對應年份的網址〈圖 6-2-4〉。

〈圖 6-2-4〉：初始化「Google 試算表網址」的變數，接著定義「確定網址」程序

　　接下來設定「Screen2」螢幕初始化所執行的程式〈圖 6-2-5〉。先呼叫上個步驟的「確定網址」程序，沿用同 5-5 第 164～165 頁方式，以網路元件讀取網址所提供的資料。

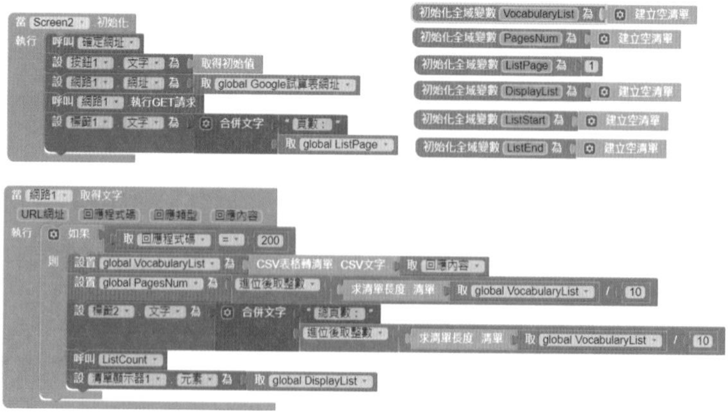

〈圖 6-2-5〉：呼叫上個步驟的「確定網址」程序，設定以網路元件讀取網址所提供的資料，並且設定「標籤 1」和「標籤 2」文字分別呈現「目前頁數」和「總頁數」

　　這一小節專案資料筆數更多了，所以除了大抵延續本書 5-5「個人英語單字清單」的程式設計架構，連變數設定也非常接近之外，還特地利用「標籤1」和「標籤2」將「目前頁數」和「總頁數」清楚呈現在上方的標題列，狀況一目瞭然，提升使用者體驗。

　　「按鈕2」、「按鈕4」、「ListCount」都是沿用本書 5-5 的程式設計，讀者有需要也可以再回到 Chapter5 溫習一下。而在「按鈕3」（即「回到主畫面」）的部分，則是設定為「流程控制」中的「關閉螢幕」，亦即點選之後程式便會跳回「Screen1」，方便操作者選擇其他年份〈圖 6-2-6〉。

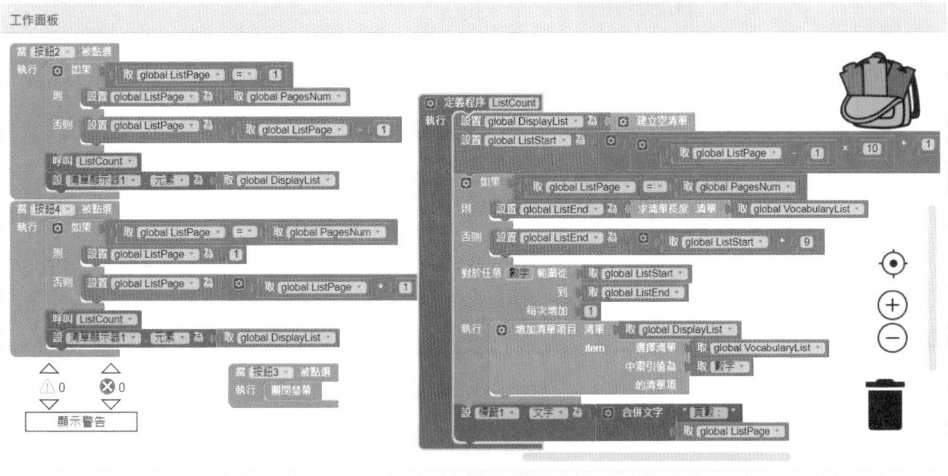

〈圖 6-2-6〉：此處截圖主要顯示「按鈕2」、「按鈕3」、「按鈕4」的方塊集，搭配定義程序「ListCount」，完整「Screen2」的程式設計請讀者參考專案檔「ZCSV_v1」

## 驗證執行

　　手機實際測試，一如預期〈圖 6-2-7〉！

〈圖 6-2-7〉：（左）手機實際測試的「Sceen1」畫面；（右）在
「Sceen1」點選「2014」按鈕後，跳出「Sceen2」畫面，OK

　　在上一章介紹了 App Inventor 讀取 txt 文字檔案，當資料來源不再侷限於
程式中直接輸入，改為引用外部雲端檔案，使得程式相當靈活。本章進一步
將 Excel 檔案上傳 Google 試算表作為資料來源，可以有更多靈活應用。本章
同樣儘可能分享不同功能的 APP 設計，藉由每小節不同的範例，介紹用途各
異、組合相當多元的 App Inventor 元件。

　　關於本節範例，最後一點補充，原本在思考程式架構的時候，打算設計
2014 年、2015 年、2016 年分別跳出三個不同螢幕畫面，App Inventor 目前特
性為設計好的螢幕無法複製，所以要進行第二個和第三個螢幕畫面編排就成
了非常繁瑣的過程。所幸，靈機一動，想到了利用流程控制元件中「取得初
始值」的方法，如此不管是哪一年份，只要新增一個螢幕即可。這便是程式
設計的技巧所在，功力越紮實、經驗越豐富，程式碼就會越簡潔。

**專案練習 8：股票代碼查詢** 搭配專案檔：ZCSV_v2

上一節成功將 Excel 表格資料上傳到 Google 雲端，手機再透過 App Inventor 讀取 Google 試算表。在資料量增加的情況下，除了單純在手機上作為清單顯示，隨之而來也會出現一些新功能和新需求，以上一節「圖書借閱排行」為例，這麼多筆資料，以一頁一頁瀏覽的方式，顯然只是基本的資料呈現，現在更為常見的可能是使用者想「依照特定條件查找資料」，也就是實現「資料庫搜尋」的效果。本節仍然以贊贊小屋《人人做得到的網路資料整理術》書中內容作為範例介紹，使用的 excel 檔案請掃描目錄頁的 QRCode 下載。

## 取得雲端資料連結

讀者下載本書所附素材檔「股票代碼清單」後〈圖 6-3-1〉，就可利用本章 6-1 介紹的方法，將該資料上傳為 Google 試算表，並且以 csv 形式發布到網路。

| | A | B |
|---|---|---|
| 1 | 1101 | 台泥 |
| 2 | 1102 | 亞泥 |
| 3 | 1103 | 嘉泥 |
| 4 | 1104 | 環球水泥 |
| 5 | 1108 | 幸福水泥 |
| 827 | 9934 | 成霖企業 |
| 828 | 9935 | 慶豐富 |
| 829 | 9938 | 台灣百和 |
| 830 | 9939 | 宏全 |
| 831 | 9940 | 信義房屋 |
| 832 | 9941 | 裕融企業 |
| 833 | 9942 | 茂順 |
| 834 | 9944 | 新麗企業 |
| 835 | 9945 | 潤泰創新 |
| 836 | 9955 | 佳龍 |

〈圖 6-3-1〉：掃描作者簡介下方的 QR 碼下載檔案：「股票代碼清單」

專案練習 8：股票代碼查詢

## 畫面編排

接著登錄 App Inventor 網站,將上一節專案「ZCSV_v1」另存為這一節的「ZCSV_v2」(或者讀者可直接開啟專案檔「ZCSV_v2」)。

接著進入「Screen1」畫面編排介面。首先在上方標題列(按鈕 1)的元件屬性「文字」欄輸入「公司股票代碼查詢系統」,並修改中間三個按鈕(按鈕 2 ~ 4)的文字為:「股票代碼閱覽」、「公司名稱查詢」、「股票代碼查詢」〈圖 6-3-2〉。

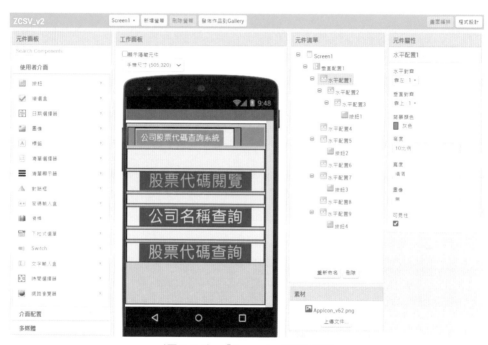

〈圖 6-3-2〉:「Screen1」的畫面編排

## 程式設計

接著進行「Screen1」的程式設計。這次不再像上一節直接在文字元件方塊輸入文字,而是直接引用按鈕的文字屬性〈圖 6-3-3〉。

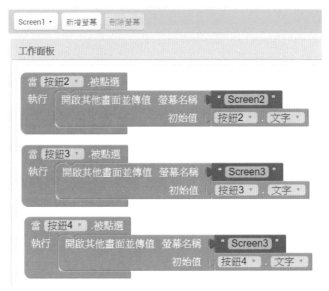

〈圖 6-3-3〉：「Screen1」的程式設計中，按鈕文字的初始值直接引用按鈕的文字屬性，
和上一節〈圖 6-2-2〉直接輸入文字的設定方式不同

## 畫面編排

　　「Screen2」的畫面編排〈圖 6-3-4〉，大致沿用上一節專案。差別主要在於上一節顯示清單時有左右括號（見〈圖 6-2-7〉右方畫面），表示是一個完整包含 AB 兩個項目的清單。如果只是單純顯示，左右括號不會是太大問題，但如果是想執行 AB 之間交叉查詢，不管是從 A 查詢 B、以 B 查詢 A，都必須先將 A 跟 B 分開成兩個獨立的清單，這是本節範例遇到的第一個挑戰。

〈圖 6-3-4〉：「Screen2」的畫面編排

如〈圖 6-3-5.1〉所示，「初始化、取得文字（Google 試算表連結資料）、按鈕 2、按鈕 3、按鈕 4」，還有大部分的「變數」設定都跟上一節相同。不過，本節多了「ItemNum」、「ListA」、「ListB」、「ListAandB」等變數，另外還多了「ItemList」程序。

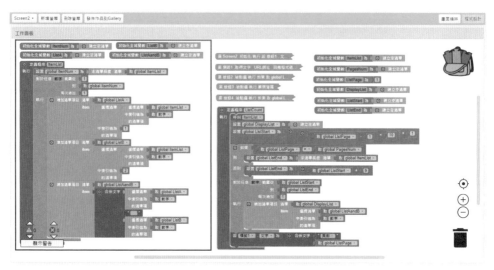

〈圖 6-3-5.1〉：「Screen2」的程式設計相較於上一節，還新增了「ItemNum」、「ListA」、「ListB」、「ListAandB」等變數，另外還多了「ItemList」程序

「ItemNum」只是將「ItemList」的清單長度變成一個變數，方便為其他程式方塊引用，由於資料共有 836 筆，所以「ItemNum」的值便是 836。

先說明如何定義「ItemList」程序。沿用本書 5-5（見第 167 頁〈圖 5-5-5.1〉）的方法，從 1 到 836（ItemNum）以每次增加 1 的次序，針對 836 筆資料、每筆資料兩個項目的清單，把 836 筆資料中的第一個項目新增至「ListA」清單（即「股票代碼」），再把 836 筆資料中的第二個項目新增至「ListB」清單（即「公司名稱」），最後再把「ListA」和「ListB」中間留一個空格合併成「ListAandB」清單，並且利用「合併文字」方塊旁的藍色小齒輪來增添項目，合併三個文字〈圖 6-3-5.2〉。

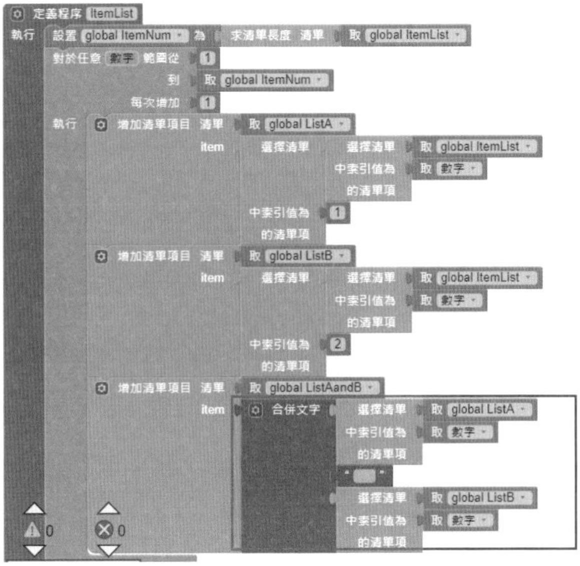

〈圖 6-3-5.2〉：定義程序「ItemList」。其中按下藍色小齒輪，即可新增方塊項目，合併三個文字

　　在原本「ListCount」程序中第一行新增「呼叫 ItemList」，「圖書借閱排行」的「Screen1」程式設計〈圖 6-1-6.7〉中，DisplayList 是取「VocabularyList」，顯示出來每筆會有括號的兩個項目清單，本節 DisplayList 是取「ListAandB」〈圖 6-3-5.3〉，並且已經先把兩個項目文字合併成一個項目，所以顯示出來就不會有括號（可先參考第 196 頁〈圖 6-3-8〉左二畫面），讀者在手機實際測驗的時候，比較一下兩個小節程式的差別，就能體會為何要如此設計。

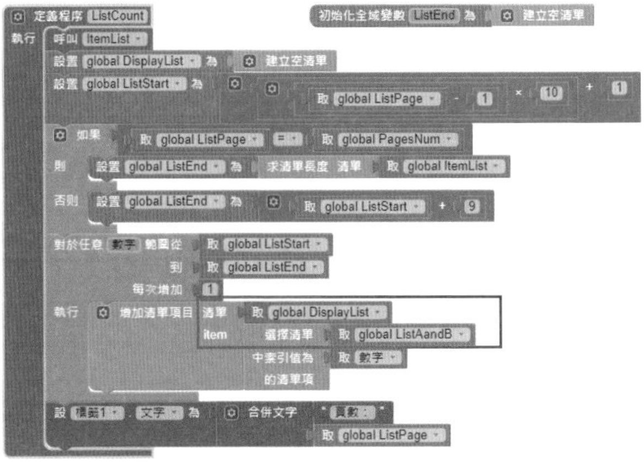

〈圖 6-3-5.3〉：DisplayList 清單項目取「ListAandB」

## 畫面編排

新增一個螢幕「Screen3」。完整的元件清單請參考〈圖 6-3-6.1〉，上方同樣是標題列，中間分成上下兩個區塊，上方區塊是輸入所查詢公司名稱或者股票代碼，下方區塊則是顯示查詢結果，最下方的部分有兩個按鈕方塊，分別是「重新查詢」和「回到主畫面」，可參考第 196 頁〈圖 6-3-8〉左三、左四畫面。

〈圖 6-3-6.1〉：「Screen3」的畫面編排

〈圖 6-3-6.2〉：「Screen3」加入了一個很重要的元件——「對話框」

讀者同樣可參考本書所附專案檔「ZCSV_v2」，匯入到自己的 App Inventor 網站上，自行參閱瞭解每個元件具體的屬性設定，這裡等於是把目前所學過的使用者介面和介面配置各個元件做個總複習和應用。注意到在此有加入一個「對話框 1」〈圖 6-3-6.2〉，稍後在程式設計中會看到其作用。

## 程式設計

接著進入「Screen3」的程式設計〈圖 6-3-7.1〉。首先是設定「Screen3」的螢幕初始化事件，先設定標題文字、讀取在雲端空間的股票代碼清單檔案，這裡特別的是加了一個邏輯判斷，依照初始值不同來分別設定「查詢標題」的文字。因為初始值如果不是公司名稱查詢，便是股票代碼查詢，這裡直接設計一個「如果…則…否則」的判斷流程即可。

接下來檔案取得文字時所執行的程式似乎複雜（〈圖 6-3-7.1〉藍框處），但是仔細看的話，其實和本小節〈圖 6-3-5.2〉的「ItemList」程序內容大致相同，作用也是一樣的。

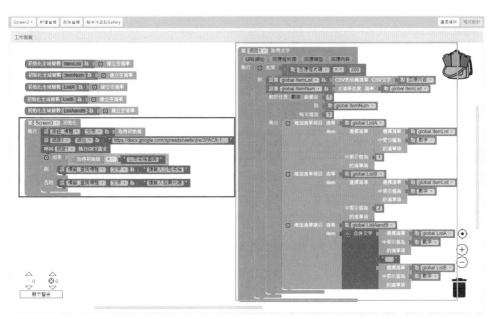

〈圖 6-3-7.1〉：紅框處為螢幕初始化事件。先設定標題、讀取股票代碼清單的檔案，這裡特別的是加了一個邏輯判斷，依照初始值不同分別設定「查詢標題」的文字

到此可以先看〈圖 6-3-7.2〉，人致瀏覽「Screen3」全部的程式設計。截圖中，已經先把上一步驟的「螢幕初始化」和「檔案取得文字」的事件組合方塊，以快速點兩下的方式折疊起來 ❶。上一節是依照初始值不同，設定不同的標題文字，在這一節「按鈕_確認.被點選」事件，是依照初始值不同，呼叫執行不同的程序 ❷。

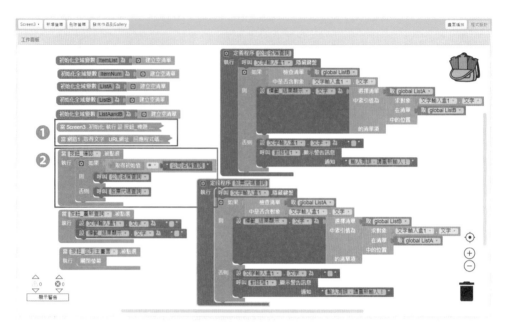

〈圖 6-3-7.2〉：「Screen3」全部的程式設計，其中有先摺疊起的程式方塊，可以透過開啟專案檔
「ZCSV_v2」來確認完整內容

　　先來看看「公司名稱查詢」這個程序〈圖 6-3-7.3〉。當使用者輸入好公司
名稱後，先將文字輸入盒的鍵盤隱藏起來，檢查「ListB」公司名稱清單是否
有所輸入的文字，若有，確定這家公司名稱在清單中的位置（索引值），然
後選擇相同位置在股票代碼清單中的項目，作為結果顯示標籤的文字；如果
沒有找到輸入的文字，表示清單中沒有這家公司，那麼將文字輸入盒清空，
呼叫「對話框」元件，顯示一個「輸入有誤，請重新輸入！」的警告訊息。

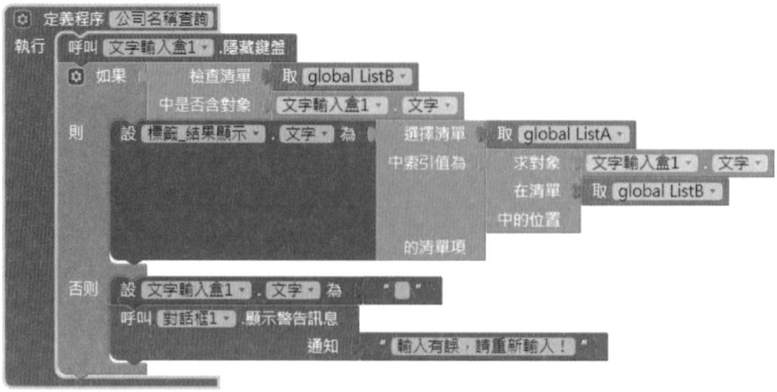

〈圖 6-3-7.3〉：當使用者輸入公司名稱後，程式會確認清單中是否有符合使用者輸入的文字，
如果沒有則會出現「輸入錯誤」訊息

接下來定義「股票代碼查詢」程序，其實和「公司名稱查詢」程序結構是一個模子刻出來的，只不過一個是從 A 查詢到 B、一個是從 B 查詢到 A，其中關鍵在於 A（股票代碼）和 B（公司名稱）是從同一份股票代碼對照清單中分割成兩個清單，每一筆公司名稱和股票代碼具有相同的索引值，在清單裡是相同位置，兩者剛好可以進行交叉查詢〈圖 6-3-7.4〉。

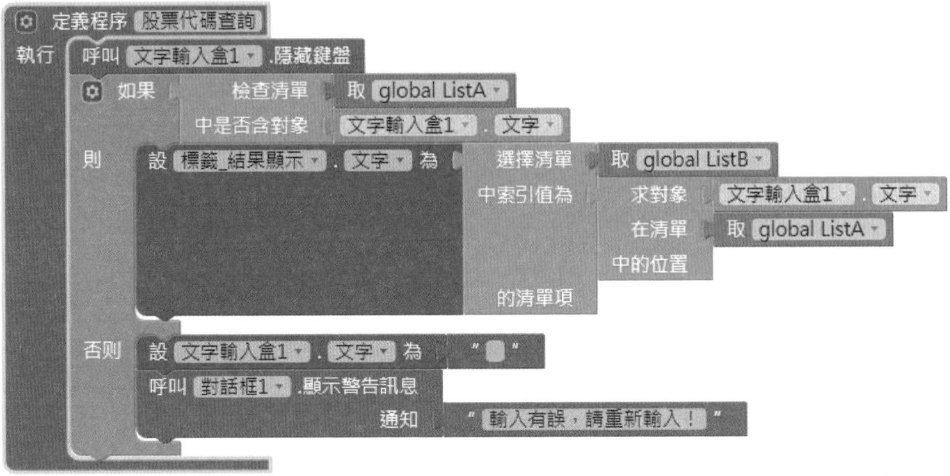

〈圖 6-3-7.4〉：「股票代碼查詢」程序，結構和「公司名稱查詢」程序相同，只不過一個是從 A 查詢到 B、一個是從 B 查詢到 A

其他兩個按鈕相對簡單，設定「重新查詢」按鈕被點選後，程式會清空文字輸入盒和結果顯示標籤的內容，而「回到主畫面」按鈕被點選後，就會關閉螢幕跳回「Screen1」〈圖 6-3-7.5〉。

現在，可再次回顧〈圖 6-3-7.2〉，檢視「Screen3」的完整程式設計。

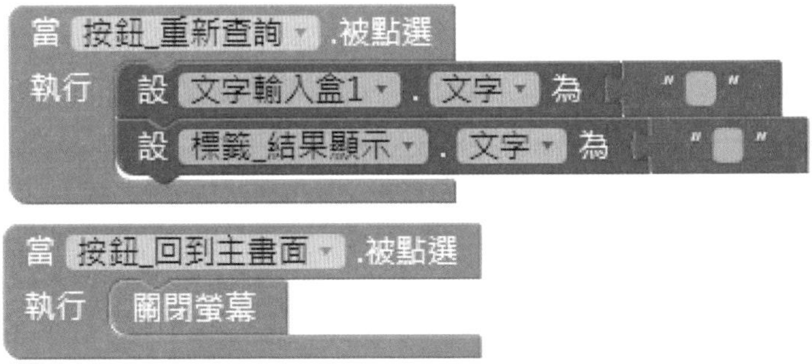

〈圖 6-3-7.5〉：分別設計「重新查詢」按鈕、「回到主畫面」按鈕的程式方塊

## ▍驗證執行

　　讀者記得在設計告一個段落時，利用 AI Companion 連線即時測試〈圖 6-3-8〉，若整個程式運作上沒有問題，記得打包成 apk 在手機上安裝驗收，最後還要導出 aia 專案檔案保存備份，這是設計複雜大型 App Inventor 程式必不可少的操作和習慣。

〈圖 6-3-8〉：手機測試從「Screen1 ～ 3」的畫面呈現及運作是否順暢，完成！

　　上一節和這一節的範例綜合起來，可以知道在資料量很大的情況，依照資料特性有不同需求，會有不同的程式設計規劃。當我們瀏覽「圖書借閱排行榜」時，可能會偏好按順序一頁一頁看，但如果是「股票代碼清單」，一般需求並不是一頁一頁瀏覽，而是想要直接就「公司名稱」或「股票代碼」查詢。像這樣了解資料與使用者的特性之後，設計相對應需求的 APP 程式專案，這是作為專業的程式開發設計師必須考慮的。

搭配專案檔：ZCSV_v3_v4

如果能將大批量資料匯入應用程式，就能讓程式發揮更強大的作用，所以這一章重點介紹如何在 App Inventor 匯入 Excel 報表作為資料清單。前兩節範例都是完美的 Excel 資料表格，直接另存為 csv 即可。實務上很可能不是這樣，通常得先進行資料的整理，才適合轉換成 csv 檔案，不過很幸運地，Excel 軟體剛好是這方面的專家。

這一節和下一節以微軟官方網站所提供的 Excel 快速鍵為例，示範如何將網站資料複製到 Excel，整理後再上傳 Google 雲端供手機 APP 讀取使用。一方面可以體會到 Excel 的方便性，另外也可以了解到利用適當的資料庫能讓手機 APP 發揮更多功能。

## 取得雲端資料連結

「Windows 版 Excel 中的鍵盤快速鍵」〈圖 6-4-1〉，這是微軟於「Office 協助工具」所列示的 Excel 快捷鍵。

◎目前該網頁內容已更新，分類快速鍵的方式稍有不同，讀者仍可先理解本小節整理 Excel 資料的原理，以同樣步驟進行即可。

〈圖 6-4-1〉：Windows 版 Excel 中的鍵盤快速鍵頁面

網頁上的快速鍵被分類為「CTRL 組合快速鍵」〈圖 6-4-2〉、「功能鍵」、「其他實用的快速鍵」三種類別。此網頁快速鍵資訊的原始資料很接近表格形式，我們直接在網頁上選取適當範圍複製到 Excel 即可。

CTRL 組合快速鍵

| 按鍵 | 描述 |
|---|---|
| CTRL+PgUp | 從左到右，在工作表索引標籤之間切換。 |
| CTRL+PgDn | 從右到左，在工作表索引標籤之間切換。 |
| CTRL+SHIFT+( | 取消隱藏選取範圍內的任何隱藏列。 |
| CTRL+SHIFT+) | 取消隱藏選取範圍內的任何隱藏欄。 |
| CTRL+SHIFT+& | 套用外框至選定儲存格。 |
| CTRL+SHIFT_ | 移除選定儲存格的外框。 |

〈圖 6-4-2〉: CTRL 組合快速鍵列表

像這樣的資料，也可以依照 6-1 方式，先分成三份 csv 檔案，設計三個按鈕分別對應讀取不同的清單〈圖 6-4-3〉，不過我們主要利用整合到一個工作表的方法。

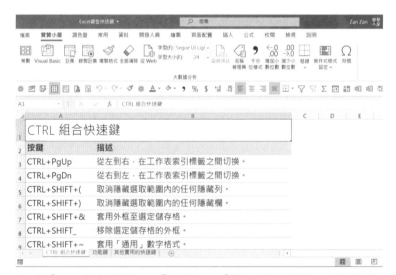

〈圖 6-4-3〉: 將「CTRL 組合快速鍵」、「功能鍵」、「其他實用的快速鍵」分別複製到三個工作表

既然資料都在 Excel 工作表，先簡單將三份報表資料合併，新增「序號」和「類別」欄位〈圖 6-4-4〉，這樣不但保持單純的資料報表型態，稍後步驟也會看到手機 APP 程式讀取運算像這樣的資料相對方便。讀者若已熟悉前面步驟整理資料的程序，也可直接掃描作者簡介下方的 QR 碼，下載檔名為「Excel 鍵盤快速鍵」的 Excel 工作表，直接應用。

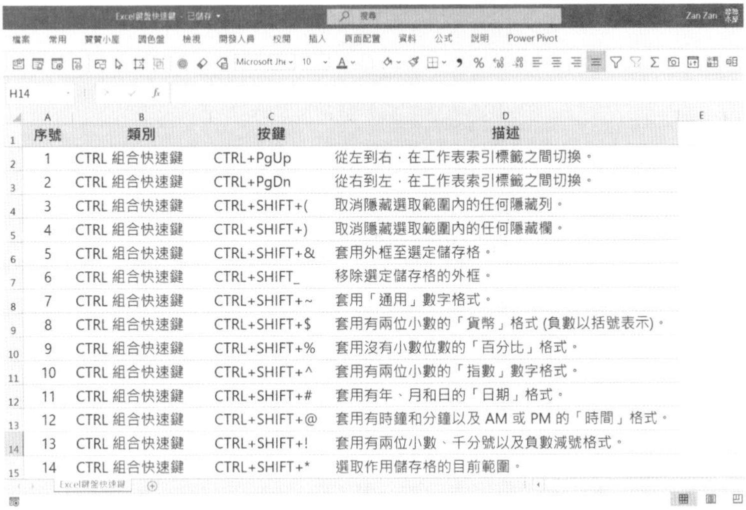

| 序號 | 類別 | 按鍵 | 描述 |
|---|---|---|---|
| 1 | CTRL 組合快速鍵 | CTRL+PgUp | 從左到右，在工作表索引標籤之間切換。 |
| 2 | CTRL 組合快速鍵 | CTRL+PgDn | 從右到左，在工作表索引標籤之間切換。 |
| 3 | CTRL 組合快速鍵 | CTRL+SHIFT+( | 取消隱藏選取範圍內的任何隱藏列。 |
| 4 | CTRL 組合快速鍵 | CTRL+SHIFT+) | 取消隱藏選取範圍內的任何隱藏欄。 |
| 5 | CTRL 組合快速鍵 | CTRL+SHIFT+& | 套用外框至選定儲存格。 |
| 6 | CTRL 組合快速鍵 | CTRL+SHIFT_ | 移除選定儲存格的外框。 |
| 7 | CTRL 組合快速鍵 | CTRL+SHIFT+~ | 套用「通用」數字格式。 |
| 8 | CTRL 組合快速鍵 | CTRL+SHIFT+$ | 套用有兩位小數的「貨幣」格式 (負數以括號表示)。 |
| 9 | CTRL 組合快速鍵 | CTRL+SHIFT+% | 套用沒有小數位數的「百分比」格式。 |
| 10 | CTRL 組合快速鍵 | CTRL+SHIFT+^ | 套用有兩位小數的「指數」數字格式。 |
| 11 | CTRL 組合快速鍵 | CTRL+SHIFT+# | 套用有年、月和日的「日期」格式。 |
| 12 | CTRL 組合快速鍵 | CTRL+SHIFT+@ | 套用有時鐘和分鐘以及 AM 或 PM 的「時間」格式。 |
| 13 | CTRL 組合快速鍵 | CTRL+SHIFT+! | 套用有兩位小數、千分號以及負數減號格式。 |
| 14 | CTRL 組合快速鍵 | CTRL+SHIFT+* | 選取作用儲存格的目前範圍。 |

〈圖 6-4-4〉：簡單將三份報表資料合併，新增「序號」和「類別」欄位來整理

資料整理完成後，以同 6-1 方式，上傳 Google 雲端並取得發布網址。

## 畫面編排

進入「Screen1」畫面編排介面，此處沿用上一節範例〈圖 6-4-5〉，只是「按鈕_上方標題」的文字屬性改為輸入「會計人的 Excel 小教室」，畫面中間區塊仍然是三個按鈕，第一個按鈕預計讀取上個步驟整理好的「Excel 快速鍵資料」，第二個和第三個按鈕打算設定為筆者的「臉書專頁」和「YouTube 頻道」網頁。

隨著所設計程式越來越複雜，使用的元件和清單越來越多，這裡也將所有介面配置元件重新命名，從最上方的「垂直配置_000」一直到最下面的「水平配置_700」，達到有序編號。如此工作面板和元件清單有了清楚架構，如同程式設計中的變數設定一樣，會使得整體設計思維更加井然有序。

另外，還增加了一個「微型資料庫 1」元件〈圖 6-4-5〉，此元件於本書 2-4「屬性資料儲存」有專門介紹，讀者可先參考溫習，稍後會比較它在目前範例的作用。

〈圖 6-4-5〉：「Screen1」沿用上一節範例的畫面編排，並加入一個「微型資料庫」元件

## ▌程式設計

我們設定當「Screen1」螢幕初始化時，會將其它螢幕所傳回的初始值作為資料庫中標籤「PageListSaved」的儲存值，用意是希望程式能記憶目前瀏覽的頁數，下次就不必再從第 1 頁開始找起，提升使用者體驗〈圖 6-4-6〉。

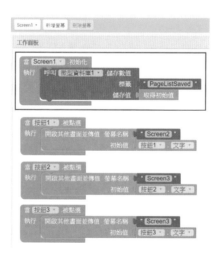

〈圖 6-4-6〉：螢幕初始化時，將其它螢幕傳回的初始值作為資料庫中標籤「PageListSaved」的儲存值

不過，要實現「讓程式能記憶查詢頁數」這個功能，除了這一小節「Screen1」的程式設計之外，還需要和下一小節「Screen2」的程式設計相配合，我們循序漸進學習。

## 畫面編排

接著設計「Screen2」的畫面編排，沿用上一節範例的編排方式，主要不同是在下方功能區多出一行「直接跳到：＿＿＿頁」，用意是當資料筆數較多時，除了一步步點選「上一頁」、「下一頁」之外，也提供使用者直接跳到指定頁數的功能。同時，利用此範例，也跟各位介紹「元件面板」中「使用者介面」裡的「下拉式選單」元件〈圖6-4-7〉，其作用和其他電腦軟體操作的下拉式選單是一樣的。

〈圖6-4-7〉：使用「使用者介面」裡的「下拉式選單」元件，提供操作者直接跳到指定頁數的功能

Exce快速鍵大全的APP程式較為複雜，目前已經完成「Screen1」畫面編排、程式設計以及「Screen2」畫面編排，屬於較簡單的部分，並且引用了「微型資料庫」元件和新元件「下拉式選單」，接下來的步驟則另起一個小節介紹。

## 6-5 Excel 快速鍵大全（下） 搭配專案檔：ZCSV_v3_v4

接下來著重於「Screen2」的程式設計，專案檔請延用「ZCSV_v3_v4」進行，這一小節沒有介紹新元件，會在目前所學的基礎上延伸。

上一節已經把三個類別的資料合併在一起（見第 199 頁〈圖 6-4-4〉），成為程式可讀取的大資料庫之後，本節將利用「變數設定、邏輯過程、迴圈事件、建立清單」等元件方法，重新選擇特定資料組合成符合條件的對象，這是設計程式在資料處理時常會用到的思維架構。

### 程式設計

現在開始介紹「Screen2」的程式設計。首先是螢幕初始化時讀取檔案的過程，可分成三塊：設定變數〈圖 6-5-1.1〉、螢幕初始化〈圖 6-5-1.2〉、讀取雲端資料〈圖 6-5-1.3〉。

〈圖 6-5-1.1〉：設定變數

和先前範例相比，為了讓手機 APP 能記憶使用者上次停留在哪一個頁面，「螢幕初始化」〈圖 6-5-1.2〉的重點在於取得微型資料庫中「ListPageSaved」標籤值、再設定為變數「ListPage」的變數值。此變數的作用，到後面〈圖 6-5-3〉搭配一起看會更清楚。

APP 第一次運作時應該沒有閱覽頁數的紀錄，為此，特別設定「無標籤時之回傳值 1」。

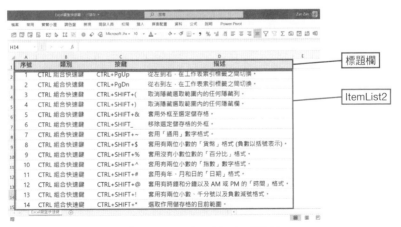

〈圖 6-5-1.2〉：「Screen2」螢幕初始化並取得微型資料庫中「ListPageSaved」標籤值、再設定為變數「ListPage」的變數值

本章 6-2、6-3 的資料屬於特別處理過的資料，內容很單純，但 6-4、6-5 範例的資料較符合一般 Excel 報表形式，第一列為標題欄，因此在取得檔案之後，先取得全部資料做為「ItemList1」清單，再從「ItemList1」第二項開始做成「ItemList2」清單，如此即成功將第一列（標題列）去掉。接下來都是以「ItemList2」作為程式運作的資料來源，例如計算資料筆數的「ItemNum」，以表格及示意圖〈圖 6-5-1.3〉整理如下：

| 清單名稱 | 內容 |
|---|---|
| ItemList1 | 包含全部資料欄位，也包含最上方一列的標題欄 |
| ItemList2 | 真正需要的資料，也就是去除標題欄（不需要的資料）之後剩餘的欄位，包含了序號欄、按鍵欄、類別欄、描述欄 |

〈圖 6-5-1.3〉：「ItemList2」才是我們需要的資料

為了產生展現各頁數的下拉清單，這裡再設定一個從 1 到「PagesNum」（總變數）的「PageList」清單，將下拉選單的元素設定為「PageList」、「選中項」設定為「ListPage」，用意是在展現頁數清單供選擇之餘，同時使得下拉清單保持在目前所閱覽的頁數〈圖 6-5-1.4〉，符合使用者的習慣。

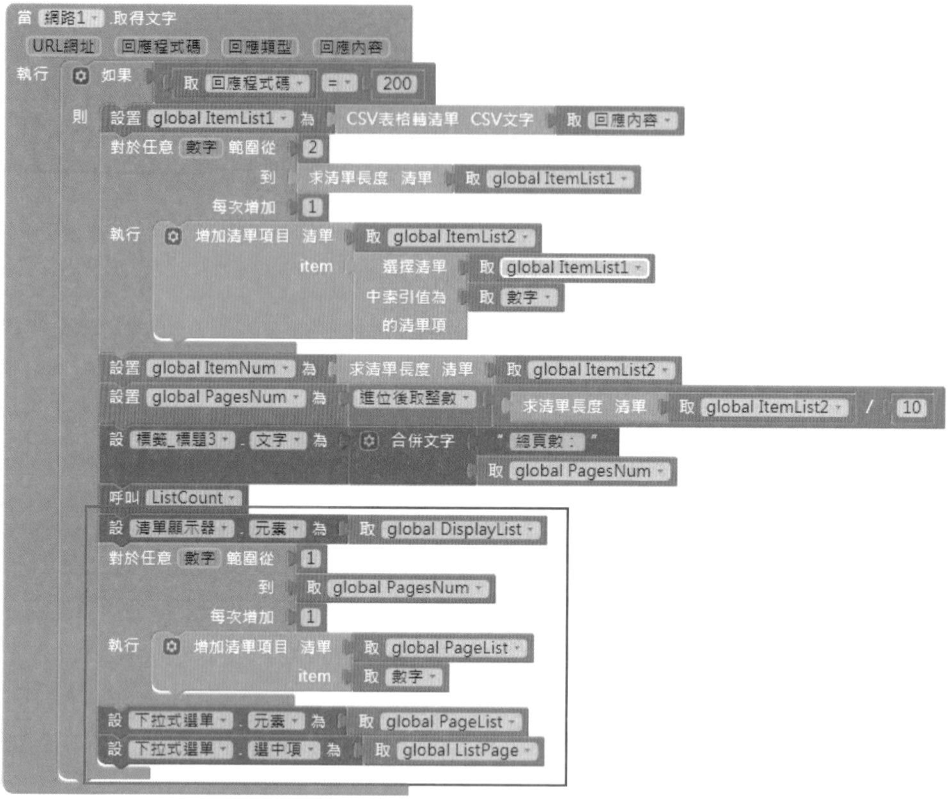

〈圖 6-5-1.4〉：以程式設計表現「產生展現各頁數的下拉式選單、並使選單保持顯示現在停留的頁數」

目前設計好的方塊集中，多數元件設計和本章先前小節的範例接近，比較關鍵是同樣有一個「呼叫 ListCount」程序，接下來將繼續介紹。

目前完整的程式方塊集如下〈圖 6-5-1.5〉。

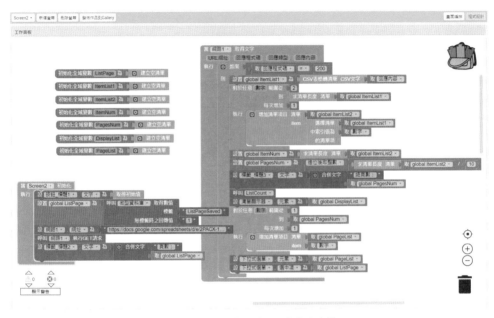

〈圖 6-5-1.5〉：目前為止的程式設計，可參考專案檔：ZCSV_v3_v4

在本書 6-3 第 191 頁〈圖 6-3-5.2〉&〈圖 6-3-5.3〉分享過，在定義程序「ItemList」中，如何將擁有 A 和 B 兩項目的清單分割成 A 和 B 兩個單一項目的清單，然後再將文字合併成 A+B 單一項目清單的方法。本節範例的資料來源有四個欄位（序號、類別、按鍵、描述），意味著一開始取得的清單有四個項目。這裡比照相同的程式架構進行擴大延伸，把四個項目分割成四個獨立清單「ListC1、ListC2、ListC3、ListC4」，再取其中的 1、3、4 進行欄位清單合併〈圖 6-5-2〉。

分割出來的第二個清單在原始資料是「類別」欄位資料，在此其實沒有用處，純粹是為了程式完整和容易理解，不過以此為例，無論原始報表涵蓋多少欄位，照樣造句，都可以把每個欄位都分割成一個獨立清單。

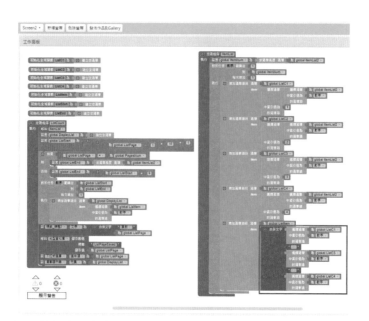

〈圖 6-5-2〉：分割成四個獨立清單（ListC1 ～ ListC4），再取其中的 1、3、4 進行欄位清單合併

　　最後，設定「按鈕」和「下拉式選單」被觸發時所執行的程式〈圖 6-5-3.1〉。「按鈕 _ 下方 3」（上一頁）和「按鈕 _ 下方 5」（下一頁）和先前範例作用相同。「按鈕 _ 下方 4」（回到主畫面）除了關閉目前螢幕，同時會把「PageList」變數值回傳到「Screen1」。從這裡搭配前面的〈圖 6-4-6〉、〈圖 6-5-1.2〉綜合來看，讀者對於「PageList」變數於本範例的作用會有全盤的掌握。

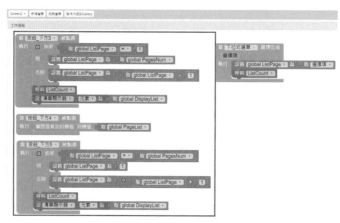

〈圖 6-5-3.1〉：設計「按鈕 _ 下方 3」（上一頁）和「按鈕 _ 下方 5」
（下一頁）和「按鈕 _ 下方 4」（回到主畫面）的程式方塊

接著，設定「當下拉式選單.選擇完成」時，先更新「ListPage」為清單下拉所選擇項目，確定了目前頁數，再呼叫執行「ListCount」程序展現該頁數應顯示的資料〈圖6-5-3.2〉。

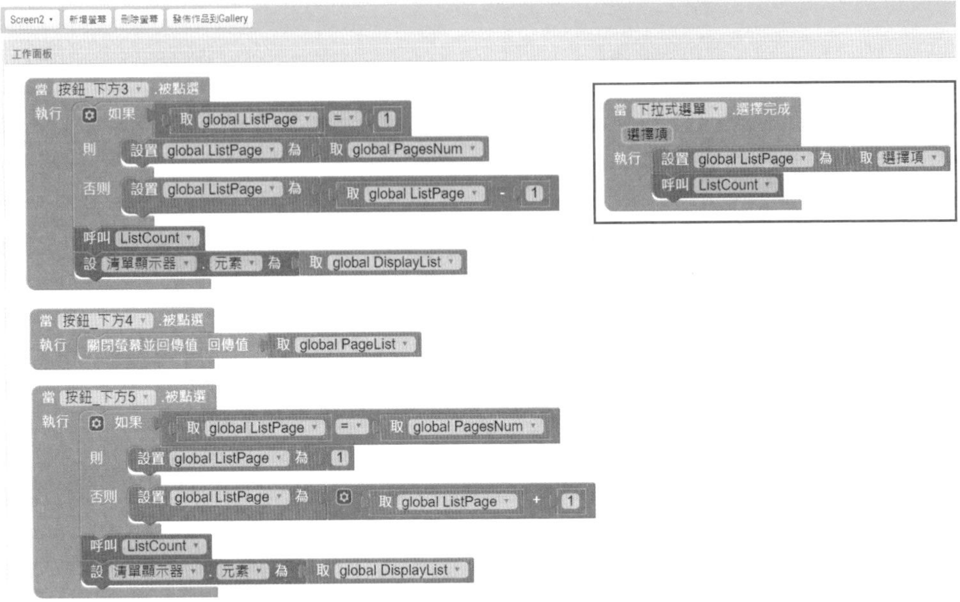

〈圖6-5-3.2〉：設計「下拉式選單」被觸發時所執行的程式

## 畫面編排

接著新增「Screen3」螢幕，進行畫面編排〈圖6-5-4〉，基本上參考本書4-3「設計簡易網頁瀏覽器」，較大的變化是將下方「上一頁」、「回到主畫面」、「下一頁」按鈕上的文字移除，改為直接以「圖形」呈現，更符合一般瀏覽器 APP 的模樣。

我們之前已經把介面配置相關的元件有系統地編號，這裡進一步將功能性元件的名稱加上說明文字，例如〈圖6-5-4〉看到的「按鈕_回到主畫面」。如此不但畫面編排更加清楚，在程式設計介面針對功能元件設定屬性或安排事件也更方便。

〈圖 6-5-4〉：「Screen3」的畫面編排

## ▌ 程式設計

　　接著建立「Screen3」需要的程式設計〈圖 6-5-5〉，例如在螢幕初始化時，「Screen3」要依照「Screen1」的「按鈕_標題」文字傳來的初始值設定「標題」，同時判斷初始值是否為「臉書專頁」，並分別設定「臉書專頁」或「YouTube」作為瀏覽器的首頁的地址，也因為只有兩種狀況，只要簡單設定邏輯判斷即可。由於在畫面編排介面，我們已經將每個功能元件後面都加上了輔助說明的文字，現在來到設計程式的階段，就會發現事件的安排非常清楚明瞭。

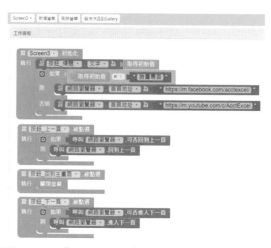

〈圖 6-5-5〉：「Screen3」螢幕初始化、三個按鈕的程式設計

　　本書在 3-1「介面布局的基本元件」第 77 頁〈表 3-1-7〉，是把畫面編排的各個元件屬性設定列表紀錄，當時因為使用的元件越來越多，因此向讀者介紹這個方法，目前我們進行的 APP 專案又更為複雜，在設計較大型的 APP 專案時，建議讀者參考〈圖 6-5-6〉，畫出一個粗略的概念圖。或許不盡符合嚴格的程式設計流程圖規範，但在這個個人創作階段，而非打團體戰的情況下，可以不必列示所有的元件屬性和事件方法，例如我習慣區分各個螢幕，將「主要資料來源、顯示元件、按鈕標籤」列出，作用僅僅是讓自己在規劃專案時能掌握住整體的設計架構。

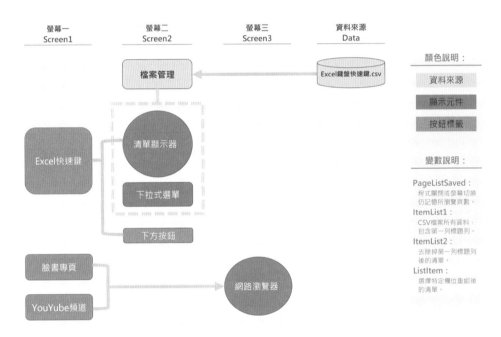

〈圖 6-5-6〉：設計較大型 APP 專案時，畫出一個粗略的概念圖能讓我們先掌握整體架構

## ▌驗證執行

　　手機實際執行畫面〈圖 6-5-7〉，不足以稱之為完美，但讀者如果能夠從本書一開始零基礎做到目前的成果，相信會相當有成就感。

〈圖 6-5-7〉：手機實際執行畫面，OK！

　　通常手機 APP 是實現單一功能，例如本書 Part1 所介紹的「展示圖片」、「撥打電話」、「播放音樂」、「瀏覽網頁」等。本節範例結合了 Chapter4「網頁瀏覽器」和 6-1「Excel 檔上傳 Google 雲端取得連結網址」的方法，完成「Excel 快速鍵大全 APP」。

　　由於本節範例純粹是方便個人使用的 APP，所以可以相當靈活地在主畫面多新增幾個按鈕，並連結到新增的螢幕上，創造屬於自己獨一無二的綜合性手機程式，讀者有興趣可以嘗試看看。

## 專案練習 10：電子書（進階）

搭配專案檔：ZCSV_v5

　　本書 5-6「專案練習 6：電子書（基礎）」介紹如何設計手機 APP 透過 Dropbox 讀取 txt 文字檔，然而實際運用時會遇到兩個問題點：第一是，範例使用的是《心經》，文字比較簡短，如果檔案文字量較大時，不太可能以單一螢幕的程式閱讀全文；第二，txt 檔案本身不太適合文字編輯，在文字量大時會很麻煩。

　　本章主要介紹將「Office Excel」資料轉換另存為 .csv 檔為手機程式所讀取，在這最後一節，我們再補充介紹把「Office Word」資料轉換另存為 txt 檔，並透過 Dropbox 為手機程式所讀取，如此一來，就可善用普遍方便的 Word 軟體進行大量文字的前置編輯作業。

　　本章先前範例都是 Excel 檔案，上傳到 Google 雲端以試算表開啟後，Google 提供以純粹 CSV 型態發布到網路，沒有 Google 應用程式本身的框架，因此 App Inventor 可以讀取。然而如果是將 .txt 文字檔案上傳到 Google 雲端，雖然可以用 Google 文件開啟，但 Google 文件並沒有提供以純粹資料內容型態的服務，不方便直接為 App Inventor 所讀取，因此這裡會沿用第五章所介紹的透過 Dropbox 的方式（見 5-2 透過 Dropbox 讀取 txt 檔案）。

### ▍取得雲端資料連結

　　打開內容為論語全文的 Word 檔案〈圖 6-6-1〉。我們看到在第一章「學而第一」的文字前面，有「《論語》」字樣，這是後來特地加上的，原本的資料裡面並沒有「《論語》」，我們先在每一章的開頭都加上「《論語》」字樣，其作用稍後會比較清楚。

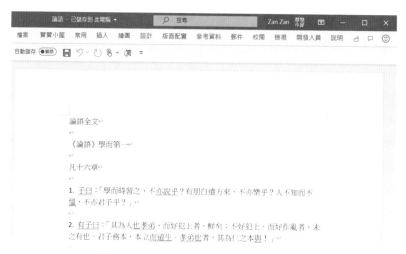

〈圖 6-6-1〉：內容為《論語》全文的 Word 檔案

　　接著我們將 Word 檔案「另存新檔」〈圖 6-6-2.1〉。注意此處和 Excel 檔案不同，Word 主要為文書處理軟體，並沒有以表格資料為主的 .csv 檔案類型，不過有我們現在很熟悉的「純文字(*.txt)」檔案類型，同樣可以透過 Dropbox 為手機 App Inventor 的程式所讀取。

〈圖 6-6-2.1〉：另存為「純文字(*.txt)」檔案類型

按下「儲存」確認後，Word 會跳出一個「檔案轉換」的對話方塊〈圖 6-6-2.2〉，顯示「警告：儲存成文字檔將造成你的檔案內所有的格式，圖片和物件遺失。」我們本來就只需要文字資料，所以不會造成問題。在文字編碼部分，注意選擇「其他編碼方式」裡的「Unicode(UTF-8)」，它的英文全名為「8-bit Unicode Transformation Format」，這個編碼方式就是為了有效解決不同地區使用網際網路和程式使用的文字相容性，所以選擇這個會比較穩定，否則有可能出現亂碼的情形。

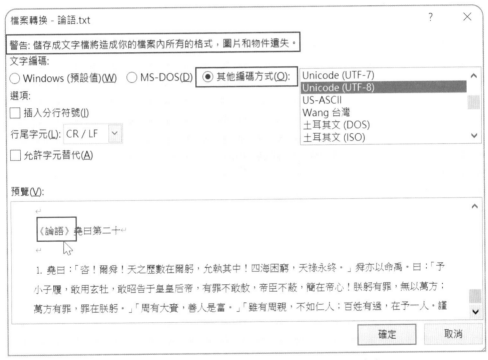

〈圖 6-6-2.2〉：Word 會跳出一個「檔案轉換」的對話方塊

接著我們看到對話方塊中間，有個「選項：」，其中又有「插入分行符號」和「允許字元替代」兩個選項，這裡保持預設值不勾選即可；再往下看到「預覽：」，這裡我們特地將視窗卷軸拉到最下面，確認全文的結尾「堯曰第二十」前面已經加上了「《論語》」，這其實是利用 Word 文書編輯處理，把每一章標題前面都做相同處理，同樣會在稍後介紹其作用。現在按下「確定」，完成將 WORD 檔儲存為「純文字(*.txt)」檔案。接著，採用 5-1 教過的方法，將檔案上傳 Dropbox 並取得雲端連結。

## ▍畫面編排

在「Screen1」的畫面編排介面，由於我們預計第一個螢幕畫面將顯示論語的「目錄」，主要需要的元件僅一個「清單顯示器」，另外加入了「微型資料庫1」和「網路1」兩個非可視元件，預計讀取剛剛由 Word 所轉換成的 txt 文字資料〈圖 6-6-3〉。

〈圖 6-6-3〉：「Screen1」畫面編排，在「水平配置 5」的位置展現論語的目錄，其中必須放入一個「清單顯示器」元件

## ▍程式設計

首先，宣告「論語1」、「論語2」、「關鍵字」、「論語標題」四個變數（〈圖 6-6-4.1〉），另外，為避免有殘餘資料造成不必要的麻煩，先設定螢幕初始化時將清空資料庫，然後利用 5-1～5-2 所介紹的方式，設計程式讀取上傳到 Dropbox 的論語 txt 文字檔（〈圖 6-6-4.1〉）。

〈圖 6-6-4.1〉：宣告「論語1」、「論語2」、「關鍵字」、「論語標題」四個變數以及螢幕初始化設定

這裡要特別介紹在內件方塊「文字」類型裡的「分解文字…分隔符號」，透過其說明：「以指定內容作為分隔符號來分解文字，並回傳包含分解後結果的清單」，可大致瞭解作用〈圖 6-6-4.2〉。

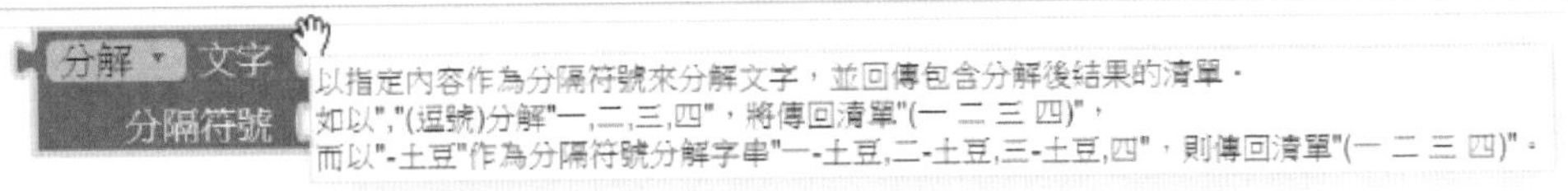

〈圖 6-6-4.2〉：在內件方塊文字類型裡的「分解 文字……分隔符號」方塊

前面我們已經利用 Word，將總計二十章的《論語》每一章名前面冠上「《論語》」字樣，因此設定當程式讀取檔案時，就會以「《論語》」作為分隔符號來分解「論語 .txt」檔案，並且回傳一個清單作為「論語1」的變數內容〈圖 6-6-4.3〉。

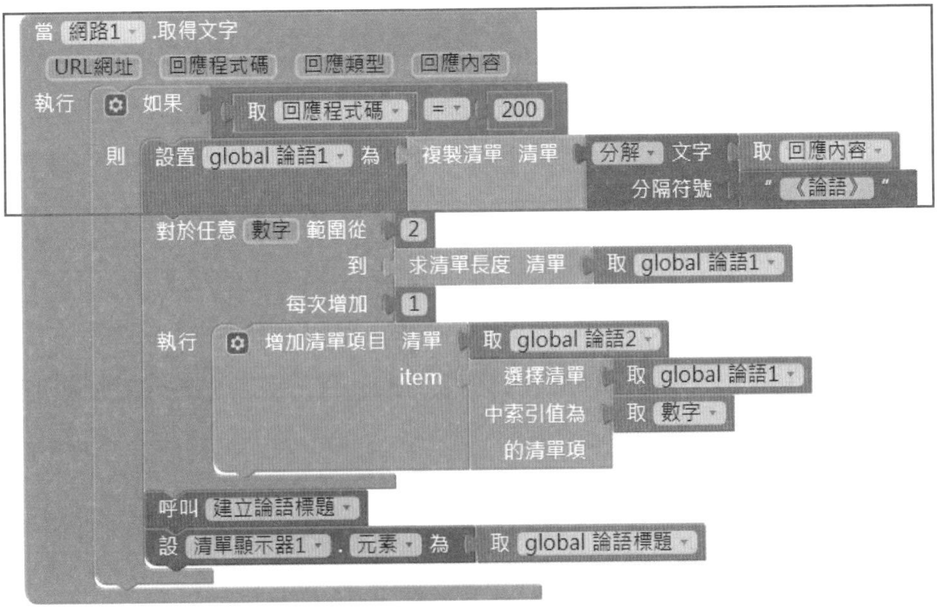

〈圖 6-6-4.3〉：利用「分解 文字 分隔符號」方塊來區隔檔案中的文字範圍、設定變數內容

筆者測試過分解文字的效果，它在分解前後都會各自產生一個清單項目，以這一節資料為例，「《論語》學而第一」的前面也會分解出一個項目出來，因此第二個項目開始才會是想要的第一項「學而第一」，所以這裡特

地再利用上一小節第 204 ～ 205 頁同樣的程式方塊設計方法，把清單「論語
1」裡第一個類似標題列的項目去除掉，重組一個單純只有 20 個章節、20 項
的「論語 2」清單〈圖 6-6-4.4〉。

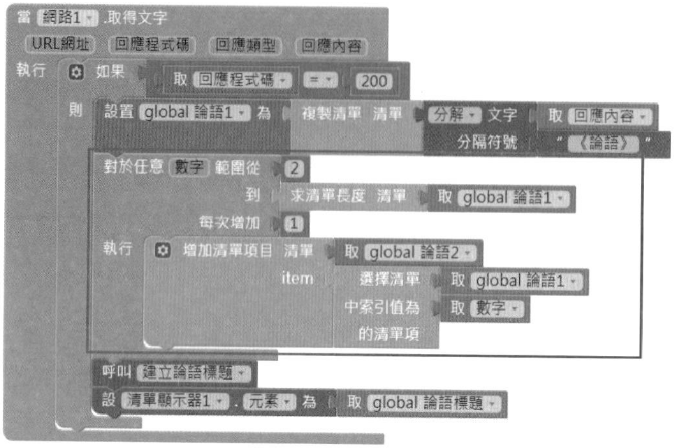

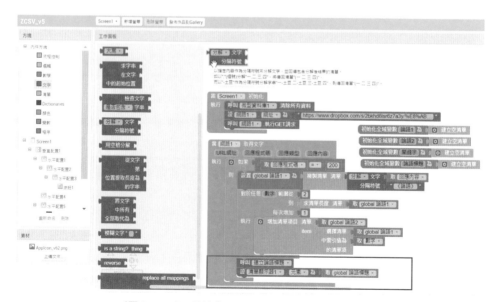

〈圖 6-6-4.4〉：把「論語 1」裡第一個類似標題列的項目去除掉，
重組一個單純只有 20 個章節、20 項的「論語 2」清單

最後是呼叫「建立論語標題」程序，設定清單顯示器的元素為變數「論
語標題」〈圖 6-6-4.5〉，請詳下一步驟說明。

〈圖 6-6-4.5〉：目前「Screen1」已組合的程式方塊如上

我們想利用 20 個章節的原文內容，並擷取最前端的章節標題作為目錄，不過，現在有兩個問題要先解決──第一是，以論語每一章的標題而言，雖然大多數是兩個字，例如「學而第一」的「學而」，但也會出現像「公治長第五」的「公治長」，是三個字的情況；第二個問題是，「第一」到「第十」的數字部分，是只有「一位」文字，但「第十一」到「第二十」的數字部分是「兩位」文字。

經過如此分析，解決這兩個問題的關鍵點，就在於「第」這個字。而內件方塊文字中的「求字串…在文字…中的起始位置」和「從文字…第…位置提取長度為…的字串」這兩個元件，剛好很適合應用在這裡，讀者也可以參考輔助說明。

接著，定義程序「建立論語標題」，架構針對「論語2」每個清單項目的迴圈事件，在每個章節全文中找尋「第」的起始位置，設定這個起始位置為變數「關鍵字」的值，前九項取「關鍵字+1」，自第十項起取「關鍵字+2」，依照這個規則提取「論語2」中每個章節全文的前幾個字，重組為「論語標題」清單〈圖 6-6-5.1〉。

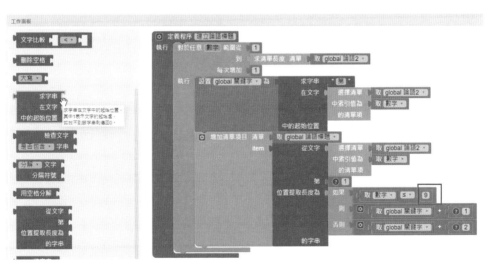

〈圖 6-6-5.1〉：取數字小於或等於「9」，而非「10」，是顧慮文字內容「第十」可能顯示為「第十」或「第一〇」，因此第 10 項取「關鍵字 +2 位」，較有彈性

我們回到〈圖 6-6-4.5〉（第 216 頁），確認紅框標示處的方塊，即是取得
檔案文字後，執行呼叫「建立論語標題」程序，且設定「論語標題」為清單
顯示器的顯示元素。

設定當操作者在「Screen1」清單顯示器的標題目錄點選了某個章節，選
擇完成後就會呼叫「微型資料庫」元件，將包含 20 個章節全文的「論語 2」
清單，以標籤「論語」儲存在資料庫中，接著開啟「Screen2」螢幕，同時把
操作者的選中項，亦即所點選的第幾個章節作為初始值傳到「Screen2」，就
會在「Screen2」開啟所選中章節的文字內容〈圖 6-6-5.2〉。

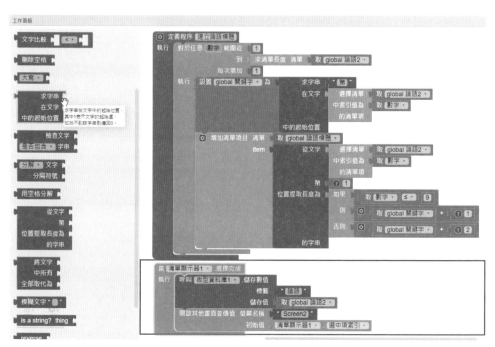

〈圖 6-6-5.2〉：設定使用者點選論語目錄中某一章的名稱後，就會自動跳出第二個螢幕畫面並開啟該章
節對應的內容。

## 畫面編排、程式設計

接下來，「Screen2」基本上沿用本書「5-6 專案練習 6：電子書（基礎）」的畫面編排和程式設計〈圖 6-6-6.1〉、〈圖 6-6-6.2〉，畫面編排上多加入了一個「微型資料庫」元件，程式設計則是設定螢幕初始化時，即讀取上個步驟資料庫儲存標籤為「論語」的數值內容，同時把上個步驟傳過來操作者所選中的章節（取得初始值）作為「標籤 1」的顯示文字。

〈圖 6-6-6.1〉：「Screen2」畫面編排

另外要特別說明的是，在 6-2「專案練習 7：圖書借閱排行榜」的「Screen2」和「Screen3」在螢幕初始化時，同樣都有讀取上傳到 Google 試算表的 Excel 檔案，也因此兩個螢幕都需要「網路 1」元件。本節因為上個步驟「Screen1」已經把所讀取到的 txt 文字檔的內容，清單重組儲存到微型資料庫裡，所以這裡不需要「網路 1」元件，也不需要再一次讀取網路雲端資料〈圖 6-6-6.2〉。

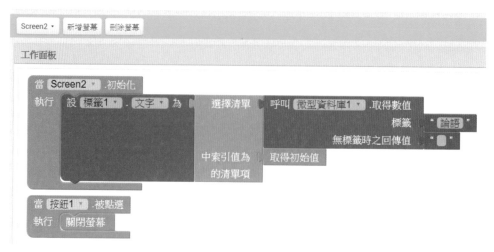

〈圖 6-6-6.2〉:「Screen2」螢幕初始化的程式設計

參考〈圖 6-6-6.3〉App Inventor 關於「微型資料庫」的說明文字,大意是安卓系統每個 APP 都有獨立的資料儲存區,並且可被同一 APP 的多個畫面共用。以本節範例而言,等於是把讀取到的外部資料內化成當前 APP 的內部資料。

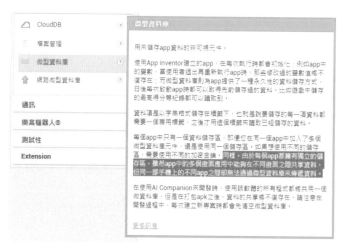

〈圖 6-6-6.3〉:「微型資料庫」的說明文字

## 驗證執行

最後，將專案打包下載到電腦，安裝至手機上測試〈圖 6-6-7〉。

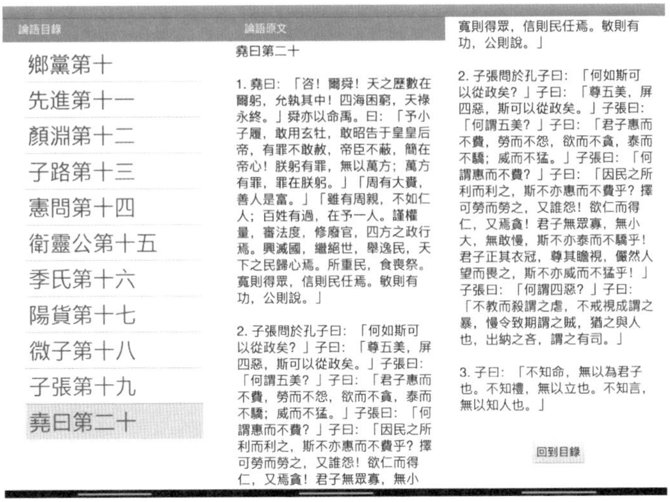

〈圖 6-6-7〉：手機測試結果，OK！

如果測試時發現畫面出現問題，請先確認以下的小細節：必須把「Screen2」元件屬性中的「允許捲動」勾選起來，且「垂直配置 1」元件的「高度」屬性保持預設的「自動」，不能設定為固定高度，如此閱讀文章時才可以順利上下滑動，筆者自己有遇到這個困難，在此特地補充。

這一節的重點除了學習「Word 另存為 txt 文字檔、上傳到 Dropbox 雲端為手機程式所讀取」之外，重點在於 App Inventor 執行「資料內容的分解、關鍵字查找、依特定規則提取部分內容」等，像這樣的功能幾乎在每個程式語言都能發現，在大部分資料處理的軟體也都存在。例如在 Excel 實現同樣功能的 Find 和 Replace 函數。其實，在電腦程式設計和應用軟體操作上，有許多的思維和架構是可以融會貫通的。

# 將 Excel 多媒體檔案清單匯入 APP

▼ **你將學會──**

- 利用 DOS 指令查詢檔案目錄
- 製作含資料夾所有檔案的清單
- 讀取檔案清單並儲存為內部資料庫
- 螢幕標題顯示全部資料筆數
- 利用清單顯示器元件呈現資料夾檔案清單
- 依照所選取項目讀取檔案內容
- 製作資料夾所有圖片檔案清單
- APP 資料庫記憶操作者的選擇
- 依 A 或 B 選擇文字檢查建立新清單
- 文字比較確認操作者選擇 A 或 B
- 選擇 A 即改變螢幕配置、取消標籤顯示
- File:///mnt/ 讀取顯示手機圖片檔案
- 製作 mp3 音樂檔案資料夾清單
- 播放器執行循環、隨機、任選模式
- 資料夾清單設置變更任何一項
- 利用變數 +1 方式實現循環播放功能
- 資料夾路徑以文字空格取代方式刪除
- 取隨機整數元件方塊實現隨機播放
- 以任意元件統一設計複選盒屬性事件
- 隨機選取清單項實現隨機單字複習
- 於單一螢幕以按鈕事件改變介面配置
- 任何複選盒勾選後以對話框顯示結果

## 7-1 製作檔案清單

　　上一章主要介紹將 Excel 表格資料上傳到 Google 雲端，以 Google 試算表發布為網路 CSV 型態，作為 App Inventor 應用程式的資料來源。Excel 資料來源，也許是手工一筆筆輸入，也許像上一章範例介紹是來自於網頁，也可能是公司的 ERP 系統導出的報表，非常多元。除此之外，實務上蠻多情況是電腦有非常多各類型檔案，並且依照資料夾已經分門別類整理好。在這個情況下，使用者的需求可能更接近於「把電腦同一資料夾裡所有類型的檔案做成一個清單，再作為 App Inventor 的資料來源」。本小節即介紹如何將檔案整理為清單，並且實際應用於下一小節的「吉他簡譜目錄」APP 中。

　　筆者電腦的「文件」資料夾裡有個「Guitars」子資料夾，裡面有很多吉他彈唱簡譜的 txt 文字檔案，共 68 個項目〈圖 7-1-1〉。

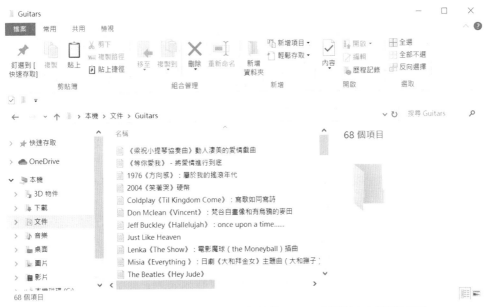

〈圖 7-1-1〉：製作一份檔案清單，項目包含「Guitars」子資料夾中的所有檔案

在 Windows 系 統 按 下快捷組合鍵「Win+R」叫出「執行」視窗，輸入「cmd」後按下「確定」〈圖 7-1-2〉。

進 入 MS-DOS 版 本 的電腦檔案總管，預設資料夾目錄為目前使用者資料夾：「C:\Users\b88104069>」，先

〈圖 7-1-2〉：在「執行」視窗，輸入「cmd」

輸入「cd documents」、再輸入「cd Guitars」，以 DOS 指令方法層層進入目標資料夾，然後輸入「顯示目錄或檔案清單」的「dir」指令（Directory），可以在下方立即看到另一種形式所展示的檔案清單，內容其實和〈圖 7-1-1〉所看到的一樣。

〈圖 7-1-3〉：依指令方法，層層進入目標資料夾「Guitars」

上個步驟出現的檔案清單很完整，可是其中的「日期、時間、檔案大小」這些資訊並不是我們所需要的，這時可以在「dir」後面加上「/b」這個參數，再按下「Enter」，如此就會在下方產生只有檔案名稱、不含其他資訊的清單，更符合所需〈圖 7-1-4〉。

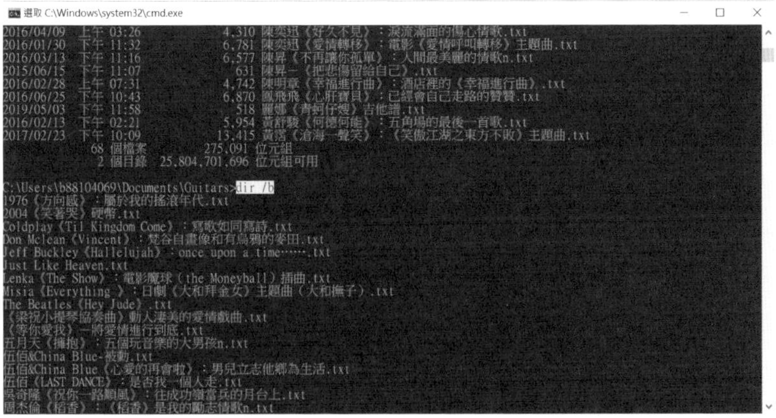

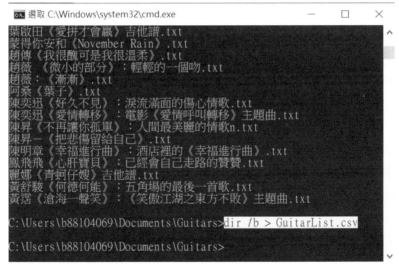

〈圖 7-1-4〉：在「dir」後面加上「/b」這個參數，如此只會產生檔案名稱清單

在上個步驟的基礎上，輸入指令「dir /b > GuitarList.csv」，按下「Enter」後，發現在 MS-DOS 視窗這裡似乎沒什麼變化〈圖 7-1-5〉。

〈圖 7-1-5〉：輸入指令「dir /b > GuitarList.csv」，按下「Enter」

接著我們再次打開「Guitars」資料夾，會發現裡頭多了「GuitarList」這個 csv 類型的檔案，開啟這個檔案之後，會看到和〈圖 7-1-1〉的內容相同，共有 68+1=69 個項目（68 個「吉他簡譜 .txt 檔」＋ 1 個「GuitarList.csv 檔」）的清單〈圖 7-1-6〉。

〈圖 7-1-6〉：「Guitars」資料夾裡還多了「GuitarList」.csv 的檔案，因此共有 68+1=69 個項目

仔細看 csv 檔的內容，「飛飛《心肝寶貝》」變成了「？飛飛《心肝寶貝》」，其中有個項目「林強《向前走》」也變成「？強《向前走》」，原因可能跟電腦文字編碼原則有關。這裡因為資料筆數不多，我們先以手動修改即可。

剛剛在 Excel 直接修正出現亂碼的文字，不過還有個最簡單的製作清單方法是，直接在 DOS 操作介面選定清單範圍，再直接複製貼上到 Excel 工作表〈圖 7-1-7〉。

〈圖 7-1-7〉：在 DOS 操作介面選定清單範圍，直接複製貼上到 Excel 工作表來製作清單

最後仍然是將資料上傳到雲端。在下一節，我們的規劃是依照檔案清單，我們可以在手機上以瀏覽目錄的方式，並點選開啟任何一個歌曲所對應的吉他簡譜文字檔，那麼如何取得對應項目的文字檔內容網址呢？

首先，我們開啟剛剛製作完的 csv 工作表，第一欄作為檔案清單，在第二欄都先填入「暫未分享」，然後以第 35 個項目「李宗盛《給自己的歌》」為例，將這首歌的文字檔上傳到 Dropbox，並沿用本書 5-1 教過的方式取得網址連結後，將該網址寫入工作表中第二欄相對應第 35 列的位置〈圖 7-1-8〉，方便之後程式設計讀取該首歌曲對應的文字內容。接著，將這個 csv 檔另存為標準的 Excel 檔，副檔名為 .xlsx，最後沿用本書 6-1 的方式，上傳到 Google 雲端後，再發布到網路取得整筆清單資料的雲端連結。

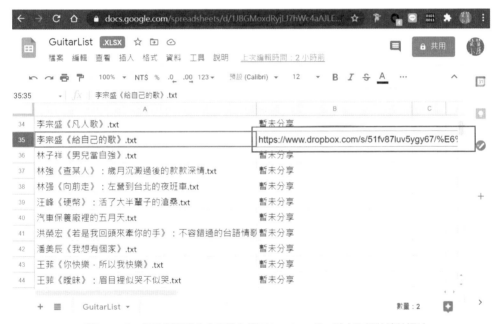

〈圖 7-1-8〉：將歌詞對應的文字檔上傳至 Dropbox 後，貼上取得的連結網址

此時，讀者可能會疑惑，那其他歌曲對應的連結網址呢？

我們看到 csv 工作表中〈圖 7-1-8〉總共有 68 首歌曲，目前只有將李宗盛《給自己的歌》這一首的簡譜文字檔上傳到雲端，所以我們在下一節 7-2「專案練習 12：吉他簡譜目錄」，當操作者在目錄上點選李宗盛《給自己的歌》以外的歌曲，是不會顯示吉他譜內容的。不過，每一首歌的檔案操作方式都是一樣的。讀者可以依照自己實務需求設置。

至於，是否能將資料分享的流程規則化、程式化，不必這麼耗時呢？這裡有兩個要思考的地方，第一是，如果使用第三方雲端空間，例如 Dropbox 或 Google，通常連結網址都含有不規則代碼，無法依照規則編寫程式，或者是要進一步設計其他套裝程式應用；第二是，如果是使用自己的雲端空間，假設能設置好分享共用的網址規則，是有可能直接讀取雲端資料來源的任何一個檔案的，這是屬於進階商業化的應用，屬於難度更高的部分，建議讀者目前還是先以熟練程式方塊的組合，以及利用雲端連結進行初步的資料處理為主。

這一節所介紹的方法是希望將所取得的檔案清單，作為 App Inventor 資料來源，可以想見實務工作中會有許多類似的需求。比如說公司行政部門的設備財產圖檔、人資部門的員工基本資料檔案、會計部門的會計公報或稅務法規相關文件、法務部門的裁判案例資料等，都會希望能列表造冊、歸檔管理，因此必須建立清單，即使不是手機 APP 瀏覽，單單製作成 Excel 表格也相當方便未來的應用。這一節範例也相對單純，利用簡單的 DOS 指令，就可以直接得到檔案清單。

## 7-2 專案練習 11：吉他簡譜目錄　搭配專案檔：ZFile_v2

上一節運用 DOS 指令，把資料夾裡所有檔案的名稱整理成一個 csv 檔，再上傳到 Google 雲端。這一節將進一步設計 App Inventor 程式讀取雲端上每個項目相對應的 txt 文字檔內容。

從本書 Part2 資料處理的整個脈絡來看，Chapter5 和 Chapter6 分別是以「Dropbox 文字檔」和「Google 試算表」作為 APP 所呈現的內容，這一小節便是以此為基礎的結合應用，首先我們在上一小節得到一個目錄般的檔案清單，實際是想呈現目錄上每個檔案的內容，亦即讀取檔案內容，如此整個程式所處理的資料體系和結構會更加完整，也更加符合實務需求。

### ▌畫面編排

首先，進入「Screen1」的畫面編排介面。編排完成後如圖〈圖 7-2-1〉，最上方是標題列「贊贊小屋吉他簡譜」，中間是一個單純的吉他圖像，最下方是功能按鈕：「吉他簡譜清單」。另外還加了「微型資料庫 1」和「網路 1」兩個在資料處理上常用的非可視元件。

〈圖 7-2-1〉：「Screen1」畫面編排

## 程式設計

接著進入「Screen1」程式設計介面。首先設定螢幕初始化時，先清空資料庫〈圖 7-2-2.1〉，如此是預留彈性空間，也就是假設雲端資料讀取的檔案有新增、移除、修改等變動時，例如利用上一節的方法，或者在 Excel 手動調整、得到更新後的檔案清單，在這個設計上，因為程式每一次都會先清空資料庫再重新讀取，就可以達到「同步更新」的效果。

〈圖 7-2-2.1〉：螢幕初始化時先清空資料庫

接下來是設定讀取上一節已經發布的 Google 雲端資料，這裡使用和 Chapter5、6 同樣的資料處理方法，只不過先前是將清單設定為變數，在此是直接儲存為引用資料庫元件的內容，標籤和儲存值同樣都是一筆一筆的檔案名稱，組合的程式代碼結構沒變〈圖 7-2-2.2〉。

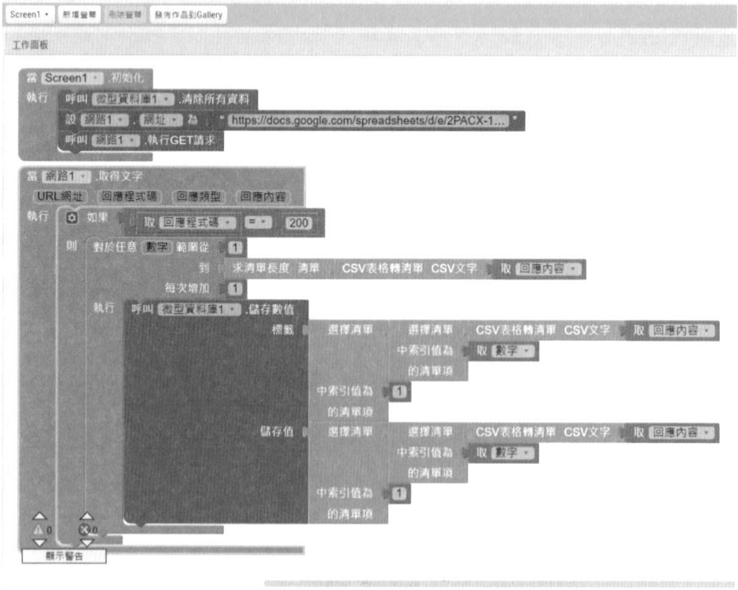

〈圖 7-2-2.2〉：讀取上一節發布的雲端資料，並將清單設定為變數

最後，設計如果按下畫面最下方的「按鈕_清單」功能鍵會跳轉到下個螢幕「Screen2」〈圖 7-2-2.3〉，完整程式設計方塊集如〈圖 7-2-2.4〉。

〈圖 7-2-2.3〉：點選「吉他簡譜清單」功能鍵會跳轉到下個螢幕「Screen2」

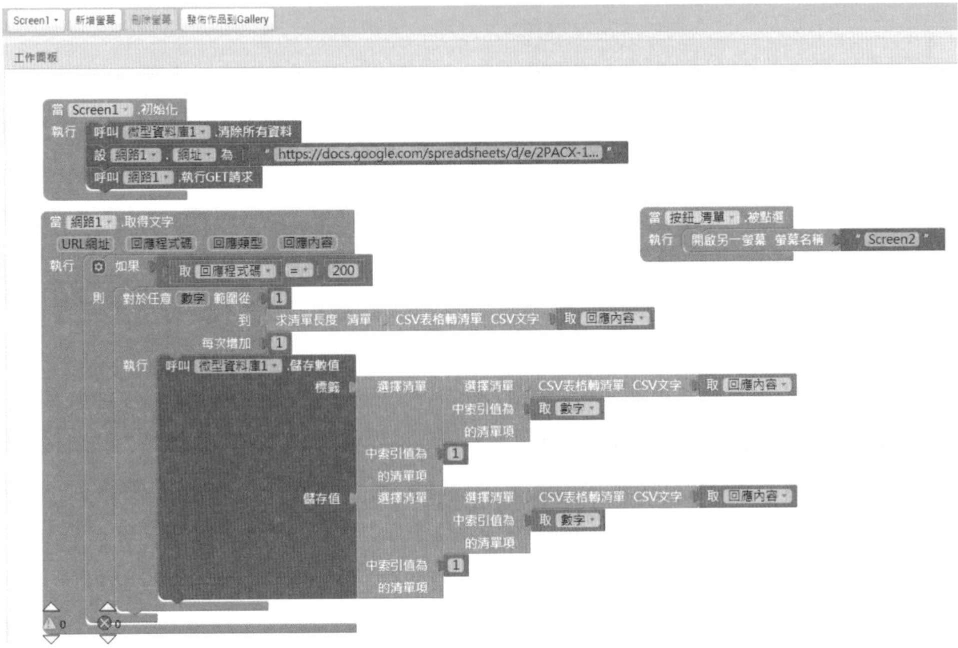

〈圖 7-2-2.4〉：完整的「Screen1」程式設計方塊集

## 畫面編排

接下來，進入「Screen2」畫面編排〈圖 7-2-3〉。最上方標題列的「按鈕1」，中間是呈現簡譜目錄內容的「清單顯示器1」，最下方是「按鈕2」（回到主頁）功能鍵。這裡和 Screen1 同樣都有非可視元件「微型資料庫1」，但是沒有「網路」元件，因為「Screen1」執行時已經讀取雲端資料並且儲存在內部的資料庫裡，「Screen2」只要引用內部資料庫，毋須再讀取雲端資料了〈圖 7-2-3〉。

〈圖 7-2-3〉：「Screen2」的畫面編排

## 程式設計

設定在「Screen2」螢幕初始化後，取得微型資料庫的標籤資料作為清單顯示器的元素〈圖 7-2-4.1〉，在此範例中就是呈現所有的檔案名稱。

最上方標題列的「按鈕 1 文字」則設定為三個文字串的合併〈圖 7-2-4.1〉，中間文字串是標籤清單的長度，因為資料筆數多難以手工驗證，利用此機制驗證所設定程式，若程式設計正確，前述步驟也執行無誤，應該會顯示「吉他簡譜（共有 68 筆資料）」（可參看第 235 頁〈圖 7-2-7〉中間畫面）。

〈圖 7-2-4.1〉：設定「Screen2」螢幕初始化時，程式執行的動作

接著設定點選畫面最下方的「回到主頁」（按鈕 2）時，就會回到 APP 主頁（Screen1）；而當點選清單中的某一首歌曲時，則會開啟一個新的螢幕畫面（Screen3），顯示該歌曲的簡譜內容〈圖 7-2-4.2〉。

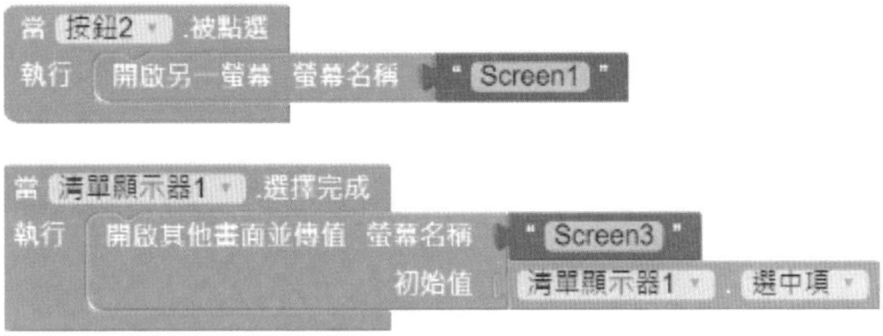

〈圖 7-2-4.2〉：設定點選「按鈕 2」、操作者選擇清單顯示器上某個項目時，會分別開啟螢幕「Screen1」及螢幕「Screen3」。

完整的「Screen2」程式設計方塊集如〈圖 7-2-4.3〉。

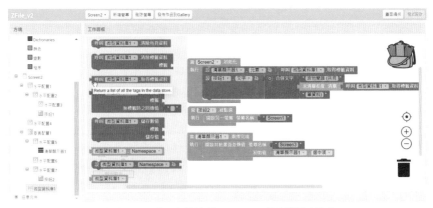

〈圖 7-2-4.3〉：完整的「Screen2」程式設計方塊集

## ▌ 畫面編排

　　「Screen3」的畫面編排相當簡單，中間是呈現簡譜內容的標籤，最下方設置一個「回到清單」的按鈕。畫面上的「贊贊小屋」文字，是將「Screen3」元件屬性的「標題」內容設定為「贊贊小屋」，讀者可自行修改為想使用的標題名稱，此外，這裡還加入了兩個「網路」元件，沒有使用微型資料庫，這是因為在「Screen2」的「清單顯示器1」設定中，已經把選中的檔案名稱傳過來了，在此只要依照檔案名稱讀取雲端資料內容即可。

〈圖 7-2-5〉：「Screen3」的畫面編排，已經不需要「微型資料庫」元件

## ▌ 程式設計

　　即將大功告成，最後我們來到「Screen3」的程式設計。螢幕初始化之後，先讀取 Google 試算表為「資料檔案」清單，依序建立「歌曲名稱」及「吉他譜」兩組清單，再依照「Screen2」所選中的歌曲檔案名稱，確定後作為「第幾首歌」的變數值，依照這個值去取得「吉他譜」中相對應的 Dropbox 網址連結，設定為「吉他譜網址」變數值，接著設定「網路2」元件讀取吉他譜顯示為「標籤1」的文字內容〈圖 7-2-6〉。

　　另外，也必須設定，當點選最下方按鈕（「按鈕1」）則會關閉目前螢幕，回到上一螢幕「Screen2」。

完整的「Screen3」程式設計如〈圖7-2-6〉。

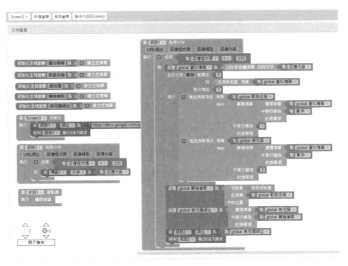

〈圖7-2-6〉：完整的「Screen3」程式設計方塊集

## 驗證執行

最後一步就是在手機上實際測試了〈圖7-2-7〉。螢幕間跳轉正常，並且當我們點選目錄中的「李宗盛《給自己的歌》.txt」時，果然呈現相對應的檔案內容。

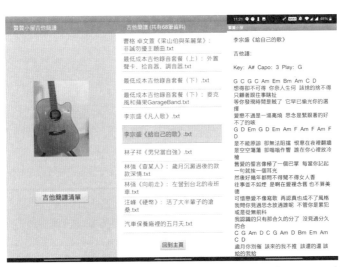

〈圖7-2-7〉：由左至右分別為「Screen1」、「Screen2」、「Screen3」畫面

## 7-3  專案練習 12：吉他和弦目錄   搭配專案檔：ZFile_v3

上一節成功製作 Excel 檔案清單並上傳雲端，接著設計手機 APP 讀取資料夾任何一個檔案，是一個資料夾對應一個檔案清單。這一節則以此為基礎再延伸，會有兩個資料夾、兩個檔案清單，其中一個資料夾內容和上一節相同，是吉他簡譜的文字內容，屬於「txt 文字檔」；第二個資料夾內容則是吉他和弦圖片，屬於「圖檔」，也就是我們這一節增加的部分。

### 取得雲端資料連結

看到〈圖 7-3-1〉，「GuitarChord」資料夾裡有 7 個 C 大調的吉他和弦圖片，利用 7-1 所介紹的方法，先建立一個 Excel 檔案清單「GuitarChord」，接著上傳到 Google 雲端空間，發布取得連結網址。

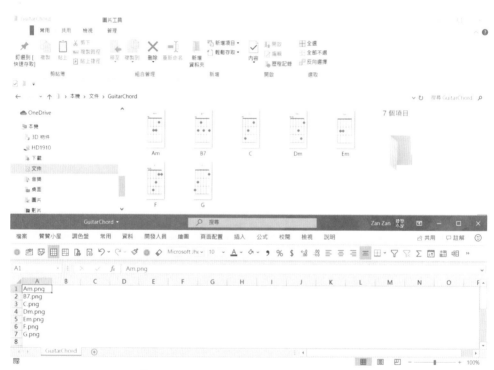

〈圖 7-3-1〉：將「GuitarChord」資料夾裡的 7 個圖檔整理為一個 Excel 檔案清單

## 畫面編排

接著就可以進入「Screen1」的畫面編排介面了〈圖7-3-2〉。

最上方仍然是一行標題列：「贊贊小屋吉他世界」，主螢幕則分成上下兩個區塊，上半部是一張吉他琴頭的圖片，搭配一個「進入吉他和弦」的功能按鈕；下半部是一張吉他琴身的圖片，搭配一個「進入吉他簡譜」的功能按鈕。在本書的Part2「雲端資料處理」中，先前的範例都是單純只有按鈕，這裡特地加上適當的圖片，讓APP看起來較為美觀，如果不容易想像，可先參看〈圖7-3-8.2〉最左側畫面。

接著看到畫面下方的非可視元件，有「微型資料庫1」、「網路1」、「網路2」。由於這個小節的專案練習會讀取兩個資料夾清單，所以需要兩個網路元件。

〈圖7-3-2〉：「Screen1」的畫面編排

## 程式設計

接下來進入「Screen1」的程式設計介面。首先，設計在「Screen1」螢幕初始化後，將資料庫清空，呼叫兩個網路元件，分別讀取雲端Google試算表「GuitarList」和「GuitarChord」兩個Excel檔案資料，依照清單長度執行迴圈事件，一一將檔案名稱儲存到資料庫中〈圖7-3-3.1〉。

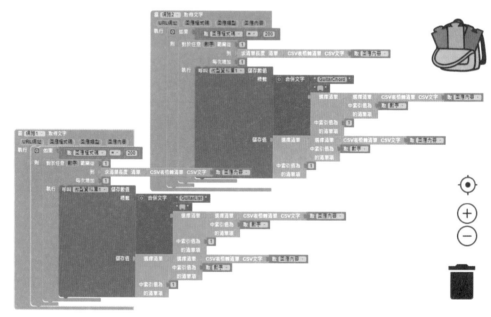

〈圖 7-3-3.1〉：「Screen1」螢幕初始化的設定

　　接著設定在儲存時，利用「合併文字」的技巧，在每個所讀取的檔案名稱前面冠上資料夾名稱作為標籤識別，「網路 1」加上「GuitarList」作為標籤前置文字，「網路 2」加上「GuitarChord」作為標籤前置文字，而「網路 1」和「網路 2」的儲存值都是檔案名稱本身。這麼一來，程式資料庫裡會有兩個資料夾所有的檔案名稱，每個檔案名稱的標籤為「檔案名稱前面冠上資料夾名稱」〈圖 7-3-3.2〉，例如，資料庫裡應該會有「Am.png」這個儲存值，其標籤為「GuitarChord_Am.png」，另外應該也會有「李宗盛《給自己的歌》.txt」這個儲存值，其標籤為「GuitarList_ 李宗盛《給自己的歌》.txt」。

〈圖 7-3-3.2〉：設定「網路 1」、「網路 2」元件的設計，
結合「合併文字」方塊來定義標籤的顯示方式

接著設定當「按鈕_和弦」（畫面上的「進入吉他和弦」）和「按鈕_簡譜」（畫面上的「進入吉他簡譜」）被點選時，會將相應的資料夾名稱儲存在資料庫，其標籤為「Chosen」，表示記住操作者的選擇。另外，還會分別將「贊贊小屋吉他和弦」和「贊贊小屋吉他簡譜」作為初始值傳送到「Screen2」〈圖7-3-3.3〉。

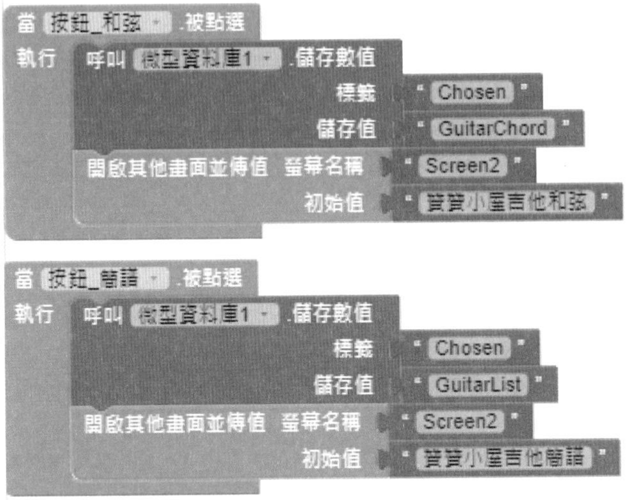

〈圖7-3-3.3〉：主畫面中兩個按鈕（「進入吉他和弦」、「進入吉他簡譜」）的程式設計

完整的「Screen1」的程式設計如下〈圖7-3-3.4〉。

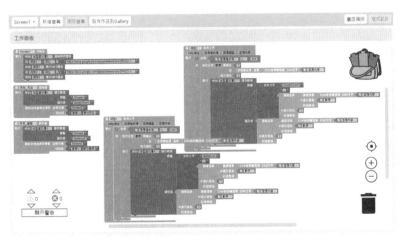

〈圖7-3-3.4〉：「Screen1」的完整程式設計方塊集

## ▍畫面編排

現在進入「Screen2」的畫面編排。讀者可參考〈圖7-3-8.1〉右二畫面及〈圖7-3-8.2〉右二畫面。在「Screen2」畫面編排上,「按鈕1」會以「Screen1」傳過來的初始值(「贊贊小屋吉他和弦」或「贊贊小屋吉他簡譜」)作為標題〈圖7-3-4〉;而點選「按鈕2」(「回到主頁」)則會跳回到「Screen1」。另外,當操作者選擇了「Screen2」畫面清單上的某個項目,所選擇項目將會作為初始值一併跳轉傳送到「Screen3」,也就是開啟吉他和弦的內容,或是某一首歌曲的簡譜內容,像這樣螢幕之間的切換方式,大致和上一節相同。

〈圖7-3-4〉:「Screen2」的畫面編排

## ▍程式設計

「Screen2」程式設計的部分也和上一節製作「吉他簡譜目錄」原理相同。剛剛「Screen1」的程式設計中,我們把操作者對於兩個按鈕的選擇儲存為「Chosen」標籤,其值為相對應的兩個資料夾名稱:「GuitarChord」或者「GuitarList」。同樣地,上個步驟把資料庫裡所有標籤加上「資料夾名稱」作為前置詞,因此當「Screen2」螢幕初始化時,結合「檢查文字 是否包含字串」方塊,以「Chosen」標籤值為關鍵字,如果資料庫裡有標籤包含這個關鍵字,符合條件的資料值會另外儲存在「顯示清單」這個變數,然後於「清單顯示器1」呈現〈圖7-3-5〉,結果就是會根據操作者選擇,螢幕會顯示相對應資料夾的所有檔案名稱。

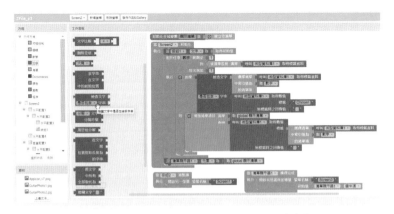

〈圖 7-3-5〉：完整的「Screen2」程式設計方塊集

## 畫面編排

「Screen3」的畫面編排，大致沿用上一節「吉他簡譜目錄」的「Screen3」架構，同樣直接將螢幕標題設定為「贊贊小屋」，不過在這個專案中，因情況需要，多了「圖像1」和「微型資料庫1」元件〈圖 7-3-6〉。

〈圖 7-3-6〉：「Screen3」的畫面編排

## 程式設計

現在進入最後階段:「Screen3」的程式設計。在〈圖 7-3-5〉「Screen2」的程式設計中,我們以「Chosen」標籤值代表操作者的選擇,並利用「檢查文字 是否包含 字串」方塊,顯示出不同的檔案清單,而在「Screen3」的程式設計中,同樣根據「Chosen」標籤值,不過是利用「文字比較」方塊作為判斷〈圖 7-3-7〉。

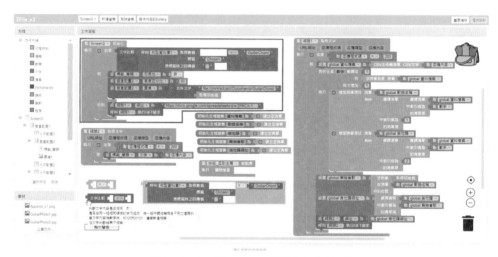

〈圖 7-3-7〉:「Screen3」的程式設計方塊集

設計螢幕初始化之後,如果「Chosen」標籤值為「GuitarChord」,表示操作者選擇了某一個吉他和弦,現在我們把「標籤_簡譜」的可見性設定假,告訴 App Inventor 不用在螢幕上呈現這此標籤,同時因為是圖片關係,「垂直配置 2」的高度百分比改成 80%,其圖像設定為「Screen2」操作者所選擇的吉他和弦圖檔。如果「Chosen」標籤值不是「GuitarChord」,程式設計則和上一節 7-2 完全相同。

假設操作者於「Screen2」選擇了「Am.png」,跳到「Screen3」螢幕會顯示資料夾「Document/GuitarChord」中的「Am.png」這個圖片檔案,程式讀取的檔案路徑會是「file:///mnt/sdcard/Document/GuitarChord/Am.png」,前面加上「file:///mnt/sdcard/」是 App Inventor 程式本身規則,請讀者留意。

截圖〈圖 7-3-7〉左下方將內件方塊「邏輯」中的比較和「文字」類型中

的比較擺在一起，一個綠色、一個紅色，主要供讀者參考。在本書 5-4「專案練習 4：個人密碼保護器」中，是以邏輯比較來驗證密碼是否相符，這一節則使用「文字比較」作不同的畫面編排設計。其實以這一節範例而言，使用邏輯比較和文字比較都沒有問題，讀者有興趣可以自己嘗試看看，不過建議仔細閱讀兩個方法的輔助說明，在某些情況是只能使用某一個類型的比較。

## 驗證執行

最後來到手機測試階段，首先點選「進入吉他和弦」，這裡因為要讀取手機內部圖片，必須先允許 APP 讀取儲存空間的權限〈圖 7-3-8.1〉。

〈圖 7-3-8.1〉：最左側為允許 APP 讀取儲存空間的權限畫面，手機測試，顯示「吉他和弦」功能正常

接著改點選「進入吉他簡譜」，手機 APP 實際測試〈圖 7-3-8.2〉。

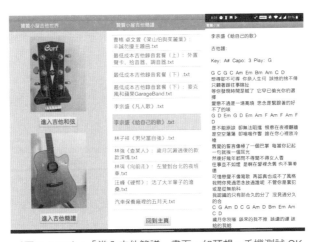

〈圖 7-3-8.2〉：「進入吉他簡譜」畫面一如預想，手機測試 OK

本書 5-1 提到 Android 版本升級後加強安全性防護，不再允許手機 APP 讀取其他 APP 檔案資料，不過對於「多媒體」類型的檔案資料，例如本節範例的圖片，並沒有安全疑慮，所以仍是開放的，讀者有興趣可參考安卓官網的說明〈圖 7-3-9〉。由此可見既然是在安卓系統的手機開發 APP，必須對系統本身有基本認識，如果是有志成為專業的開發者，更是需要多方參考相關資料。

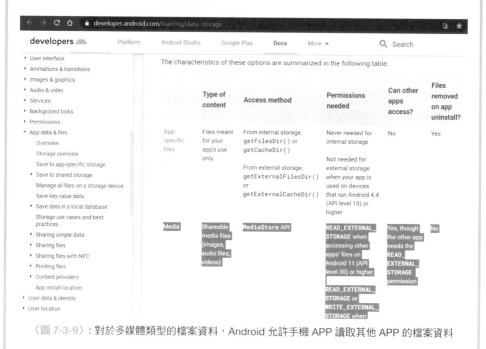

〈圖 7-3-9〉：對於多媒體類型的檔案資料，Android 允許手機 APP 讀取其他 APP 的檔案資料

　　隨著本書各章節持續推展，讀者在畫面編排和程式設計、資料處理上的經驗都越來越豐富，到了這一節範例算是具體而微了。在手機應用程式市場也有蠻多 APP 提供像是吉他簡譜及和弦的功能，所以這節所介紹範例有相當的實用性跟市場性，讀者在本書基礎上，也許可以嘗試自己設計一款面向市場大眾的精緻 APP。

# 7-4 專案練習 13：音樂播放器（進階）

搭配專案檔：ZFile_v4

本書 Chapter3 介紹過「音樂播放器」，而在 5-2 則介紹到利用 txt 文字檔讀取音樂檔案清單，當時範例音樂檔案只有三個，直接寫在程式中或記事本即可。然而實務上通常是很多個 mp3 檔案放在同一資料夾中，不太可能一筆一筆手動維護。

既然在前面 7-1 已經學到了 DOS 指令彙總資料夾檔案清單的方法，這一節將把這個技巧應用在音樂播放器的優化，在檔案數量更多時，就能派上用場。另外也增加「循環播放」以及「隨機播放」這兩個常見的功能及其相對應的資料處理方法。

## 取得雲端資料連結

如圖〈圖 7-4-1〉所示，贊贊小屋有 42 首吉他自彈自唱錄製的 mp3 檔案，利用 7-1 的方法，先以 DOS 指令將清單整理為 Excel 檔案，再上傳到 Google 雲端試算表，並以逗號分隔值（.csv）形式發布到網路。

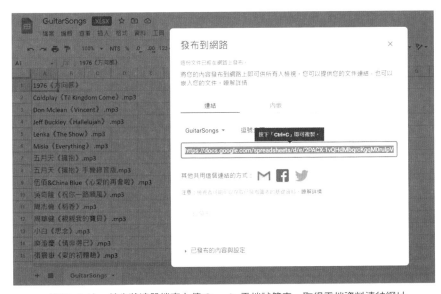

〈圖 7-4-1〉：首先將清單檔案上傳 Google 雲端試算表，取得雲端資料連結網址

## ▍畫面編排

現在進入「Screen1」的畫面編排。

從〈圖 7-4-2〉可以看見上方標題列的文字是「贊贊小屋吉他歌曲」，中間是以一張圖片作為背景的「清單顯示器 1」，下方有三個功能按鈕，分別是「循環播放」、「隨機播放」、「結束播放」。配合三種播放模式，添加了三個「音樂播放器」元件，注意在元件「音樂播放器 3」的屬性中，確認「循環播放」選項是勾選的狀態。

〈圖 7-4-2〉：「Screen1」的畫面編排，記得確認元件「音樂播放器 3」
的屬性中「循環播放」是勾選的

## ▍程式設計

接著進入「Screen1」的程式設計。首先設定螢幕初始化時讀取雲端的mp3 音樂清單檔案，讀取檔案時彙總到「曲目清單」變數，方便其他程式引用。其中特別使用內件方塊「清單」中的「將清單…中索引值為…的清單項取代為…」〈圖 7-4-3.1〉，其實清單第一項（第一首歌）應該已經是「1976《方向感》.mp3」了，這裡運用替換方法，以相同名稱替代，所以其實執行後的結果不變，在此是剛好讓讀者知道這項功能，在有需要更新資料時，很實用（例如要讀取的音樂檔案有所更新，但清單上對應的音樂名稱還沒更新時，便可以直接在這裡運用替代文字的方式）。

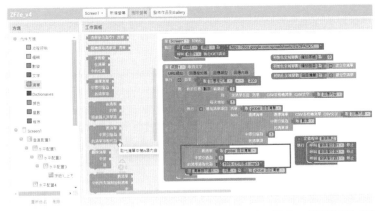

〈圖 7-4-3.1〉：有更新資料的需求時，很適合運用「將清單…中索引值為…的清單項取代為…」方塊

另外，本範例程式有三個音樂播放器元件，測試發現有時會發生播放中的音樂無法暫停，為了避免這個狀況，所以這裡特別設計了「音樂停止」程序〈圖 7-4-3.2〉。除此之外，其中還有「播放曲目」、「播放序號」變數和設置「清單顯示器1」元素〈圖 7-4-3.3〉。

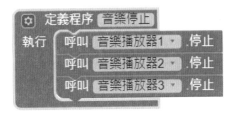

〈圖 7-4-3.2〉：為了避免音樂無法停止的狀況，設計了「音樂停止」程序方塊集

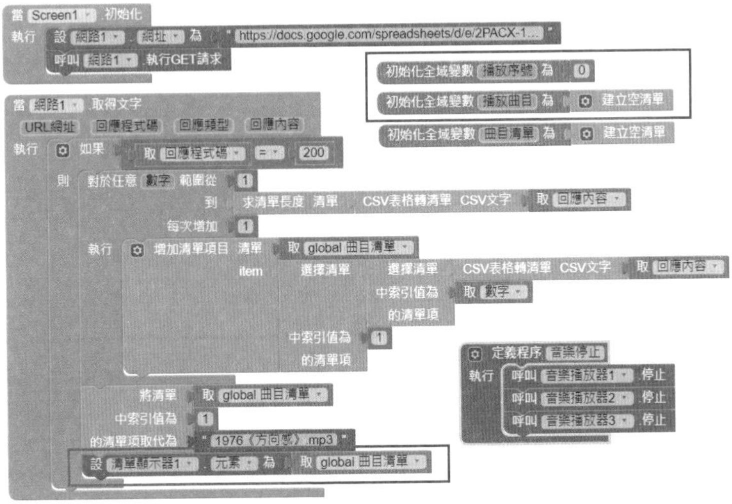

〈圖 7-4-3.3〉：其他相關「變數」設定以及「清單顯示器」設定

接下來進行三個播放按鈕的程式設計。

「按鈕 2」是開啟「循環播放」模式，被點選時，設計程式先呼叫上個步驟所示的「音樂停止」程序，把當前所有音樂播放器停掉，然後再呼叫「播放音樂 1」程序。接著呼叫「播放音樂 1」程序，沿用本書 Chapter3「播放下一首」的程式架構（見第 90 頁〈圖 3-3-6.1〉），由於此節的音樂資料庫檔案數量較多，當一首音樂播放完成之後，會再呼叫「播放音樂 1」播放下一首，如此完成了「循環播放」的程式設定〈圖 7-4-3.4〉。

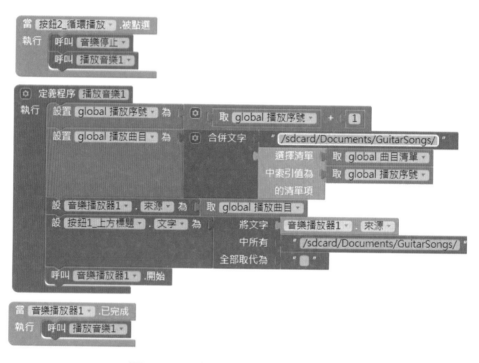

〈圖 7-4-3.4〉：「循環播放」模式的程式方塊集

此外，本範例希望播放音樂時上方標題顯示曲目名稱，在此所引用的音樂播放來源會包含資料夾路徑（這邊注意到並不是雲端連結，在 7-3〈圖 7-3-9〉有提及「多媒體檔案」如圖片與 mp3 音樂檔案，仍是直接讀取手機內的檔案），因此再利用內件方塊「文字」類型中的「將文字…中所有…全部取代為」把資料夾路徑「/sdcard/Documents/GuitarSongs/」全部以空格取代，等於是僅顯示音樂檔案名稱、不顯示多餘的資料夾路徑〈圖 7-4-3.5〉。

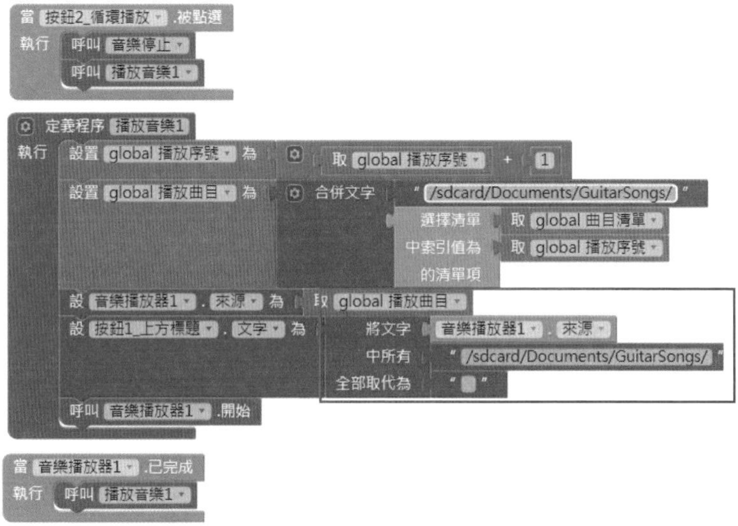

當 按鈕2_循環播放 .被點選
執行 呼叫 音樂停止
　　 呼叫 播放音樂1

定義程序 播放音樂1
執行 設置 global 播放序號 為 取 global 播放序號 ＋ 1
　　 設置 global 播放曲目 為 合併文字 "/sdcard/Documents/GuitarSongs/"
　　　　　　　　　　　　　　　　選擇清單 取 global 曲目清單
　　　　　　　　　　　　　　　　中索引值為 取 global 播放序號
　　　　　　　　　　　　　　　　的清單項
　　 設 音樂播放器1 . 來源 為 取 global 播放曲目
　　 設 按鈕1_上方標題 . 文字 為 將文字 音樂播放器1 . 來源
　　　　　　　　　　　　　　　 中所有 "/sdcard/Documents/GuitarSongs/"
　　　　　　　　　　　　　　　 全部取代為 ""
　　 呼叫 音樂播放器1 .開始

當 音樂播放器1 .已完成
執行 呼叫 播放音樂1

〈圖 7-4-3.5〉：利用「將文字…中所有…全部取代為」方塊，
讓最上方的標題列僅顯示音樂檔案名稱、不顯示多餘的資料夾路徑

::: **Memo** ::::::::::::::::::::::::::::::::::::::::::::::::::::::::::::

本書 3-4「播放曲目同步更新專輯圖片」已經處理到「播放到最後一首時，再從頭開始播放」的需求，讀者可以參考第 93 ～ 97 頁，加入邏輯判斷事件。

········································································

接下來是設定「按鈕 3」的「隨機播放」模式〈圖 7-4-3.6〉，被點選時，和上個步驟原理相同，先呼叫「音樂停止」程序，然後呼叫「播放音樂 2」程序。

「播放音樂 2」程序和上個步驟「播放音樂 1」程序結構是相同的，差別只在於這裡運用了內件方塊「數學」中的「隨機整數從 1 到 100」取得一個隨機的音樂檔案，就能完成隨機循環播放。

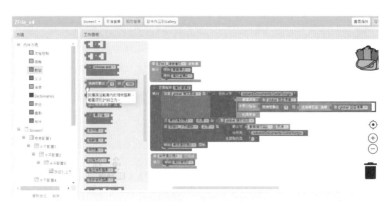

〈圖 7-4-3.6〉：隨機循環播放的程式設計，恰好適合運用「數學」中的「隨機整數從⋯到⋯」方塊

現在來到第三個播放模式的設計，也就是「單曲循環播放」。設計當點選該曲目時，會先停止所有音樂播放器，播放所選中音樂，標題顯示曲目名稱，先前已經將「音樂播放器 3」設定為循環播放〈圖 7-4-2〉，在此可得知其效果為單曲循環播放所選中曲目〈圖 7-4-3.7〉。

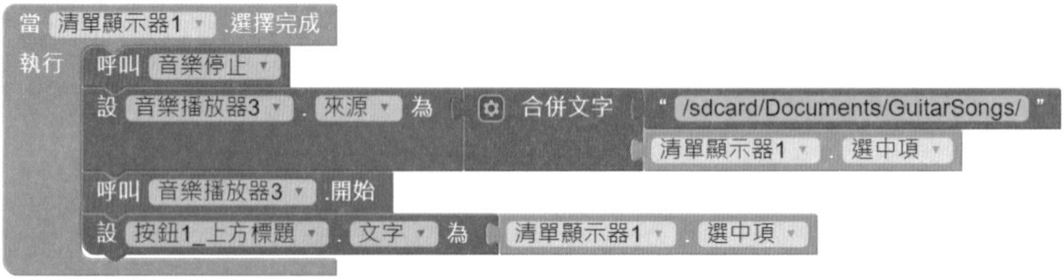

```
當 清單顯示器1 ▼ .選擇完成
執行 呼叫 音樂停止 ▼
     設 音樂播放器3 ▼ . 來源 ▼ 為 ⚙ 合併文字 " /sdcard/Documents/GuitarSongs/ "
                                          清單顯示器1 ▼ . 選中項 ▼
     呼叫 音樂播放器3 ▼ .開始
     設 按鈕1_上方標題 ▼ . 文字 ▼ 為 清單顯示器1 ▼ . 選中項 ▼
```

〈圖 7-4-3.7〉：「單曲循環播放」的程式方塊設計

最後則是「按鈕 4」的程式設計，其作用是「結束播放」音樂，也就是把播放序號重置為零，操作者若再按下循環播放，程式將會從第一首開始〈圖 7-4-3.8〉。

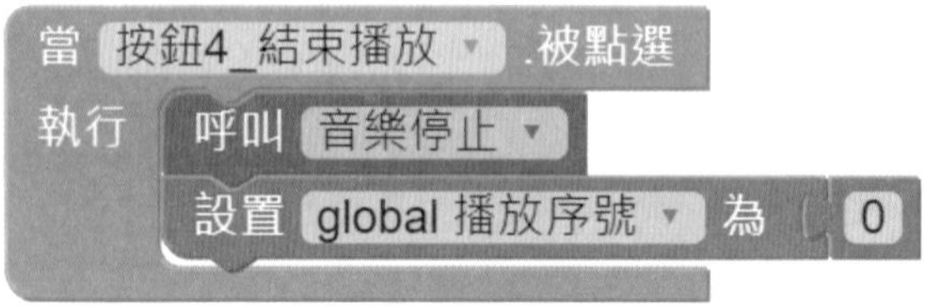

```
當 按鈕4_結束播放 ▼ .被點選
執行 呼叫 音樂停止 ▼
     設置 global 播放序號 ▼ 為 0
```

〈圖 7-4-3.8〉：「結束播放」的程式方塊設計

## 驗證執行

　　接著，我們以手機執行畫面，這是將「清單顯示器1」的背景顏色設定為透明、白色文字的效果，所有曲目名稱都浮在吉他圖片之上〈圖7-4-4〉。

　　本書Part2到上一節為止，幾乎都是多螢幕程式，本節為方便起見，在單一螢幕讀取一個資料夾，如果比照上節利用微型資料庫方式，其實也可以設計把兩個資料夾清單合併或者是交由操作者選擇。另外，在本書3-4中已有設計好的「上一首、下一首」程式方塊，可以應用到本節專案中。

　　這一節的重點在於介紹循環播放和隨機播放的設置，讀者實際測試時，應該會發現在循環播放或隨機播放時，APP並沒有從目前曲目直接切換模式，而是回歸到原始的序號流程，原本一開始的序號是1，就從1+1開始循環，依此類推。若想將這個音樂播放器再進一步強化，可參考本書6-4，結合「微型資料庫」元件記憶住目前播放曲目來完成。

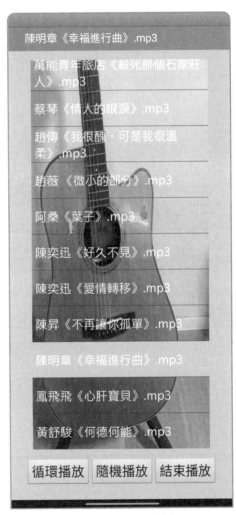

〈圖7-4-4〉：於手機實際測試的畫面，OK！

## 7-5 專案練習 14：日語單字測驗

搭配專案檔：ZFile_v5

在 5-4「專案練習 4：個人密碼保護器」，我們以文字是否相符作為邏輯判斷條件，當文字相符則登錄成功、不相符則登錄失敗。從另外一個角度而言，考試測驗也是相同的邏輯過程，答案相符即通過、否則不通過。本節就以此特性為基礎，設計出一個日語單字測驗程式，包含「隨機學習」（從單字題庫中隨機選出一項溫習）以及「單選測驗」（從單字庫中隨機挑出四個選項作為單選題測驗）的學習系統。

### ▌取得雲端資料連結

為讓讀者可以較快速熟悉操作流程，先以 15 個單字作為「常用日語漢字單詞」（素材檔可掃描作者簡介下方的 QR 碼下載），接著運用 6-1 介紹過的方法，將 Excel 檔案上傳到 Google 雲端試算表，並以 csv 形式發布到網路，準備為手機 APP 讀取〈圖 7-5-1〉。

〈圖 7-5-1〉：將檔案上傳 Google 雲端並取得連結

## 畫面編排

我們可先參考最後完成的螢幕畫面〈圖7-5-6〉，對現在開始要架構的畫面會有具體的了解。

在此採用一個新元件：「使用者介面」中的「複選盒」元件，另外請注意先將「標籤c1_測驗標籤」的「可見性」取消勾選，表示不顯示，其作用在下一頁的程式設計步驟會進一步說明〈圖7-5-2〉。

〈圖7-5-2〉：完整的畫面編排架構。注意將「標籤c1_測驗標籤」的「可見性」取消勾選

這個專案練習使用的元件屬性眾多，建議讀者直接將專案檔「ZFile_v5」匯入到自己的App Inventor線上平台參考。

## 程式設計

光設定螢幕初始化時會讀取雲端Excel檔案，並將兩欄位資料的檔案清單設定為「漢字和日語」變數，再將第一欄設定為「漢字」變數、第二欄設定為「日語」變數。除此之外，本應用程式會用到的變數也一一做名稱設定〈圖7-5-3〉。

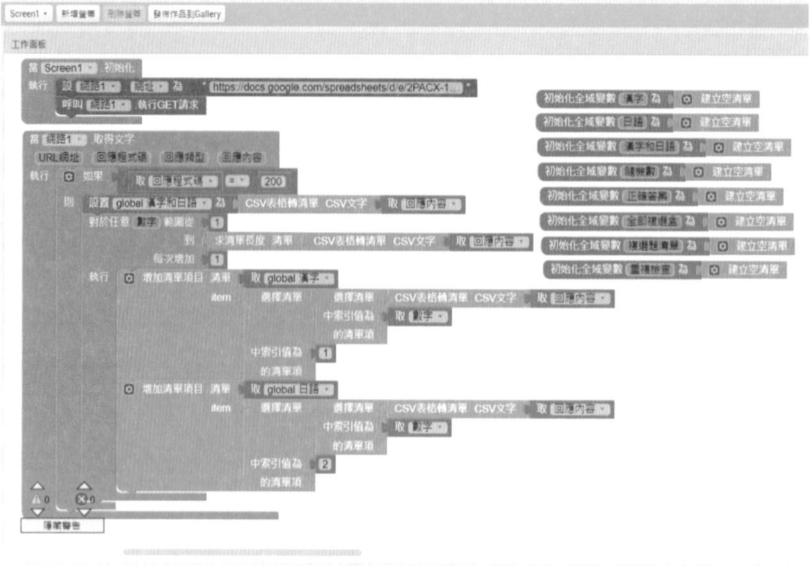

〈圖 7-5-3〉：進行螢幕初始化以及各種需要的變數設定。

接下來設定「按鈕 g1_ 隨機學習」被點選的事件。

先將「垂直配置 e1_ 複選盒」的「可見性」設定為「假」，由於四個複選盒都是掛在這個垂直配置元件裡面，效果等同於複選盒版塊不顯現。

接著，「設水平配置 C. 圖像為"　　"」，這裡的「"　　"」空文字，等於將圖像設定為空，表示原本「日語測驗」的圖像即不顯示，同時「設標籤c1_ 測驗標籤.可見性為真」，因為在畫面編排中，原本該標籤的元件屬性的「可見性」是取消勾選的，表示一開始打開 APP 不會出現，當操作者按了之後，就會改變畫面配置，所以要設定為相反的。「標籤 c1_ 測驗標籤」是在「水平配置 C」裡面，所以這兩個程式加在一起，剛好把背景圖片改為標籤文字〈圖 7-5-4.1〉，也即〈圖 7-5-6〉左二畫面。

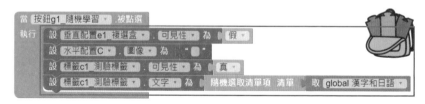

〈圖 7-5-4.1〉：設定讓「水平配置 C」的背景圖片改為標籤文字

最後，使用「清單」方塊中的「隨機選取清單項 清單」，其作用顧名思義為「從清單中隨機選取一項」，配合「漢字和日語」變數清單，實現了隨機學習日語單字的功能。每按一下「隨機學習」按鈕，便會隨機跳出一個日語單字〈圖 7-5-4.2〉。

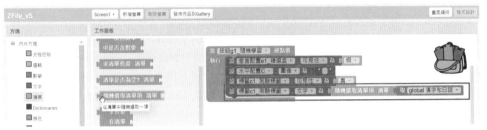

〈圖 7-5-4.2〉：利用「隨機選取清單項 清單」方塊結合變數清單，完成「隨機學習」按鈕功能

現在進入設計「按鈕 g2_ 隨堂測驗」被點選的事件，相對「隨機學習」按鈕功能而言較為複雜，以下分幾個段落說明。

〈圖 7-5-5.1〉：點選「隨堂測驗」按鈕，即顯示出中央的「複選盒」元件內容

首先，將「垂直配置 e1_ 複選盒」的「可見性」設定為「真」〈圖 7-5-5.1〉，搭配前面步驟一起看，可以知道這樣會改變 APP 的畫面編排，先前章節都是利用切換螢幕改變介面，這裡則是以按鈕事件實現。一方面這是另外一種程式設計的模式，也可以解決 App Inventor 無法複製畫面編排的問題。

接著設定「隨堂測驗」程序方塊〈圖 7-5-5.2〉，同樣透過屬性 容設定改變介面配置，接著利用上個步驟學到的清單元件，在「漢字和日語」中選擇一個隨機數，以此隨機數設定測驗標籤的文字為漢字，再設定相對應的日語為正確答案。

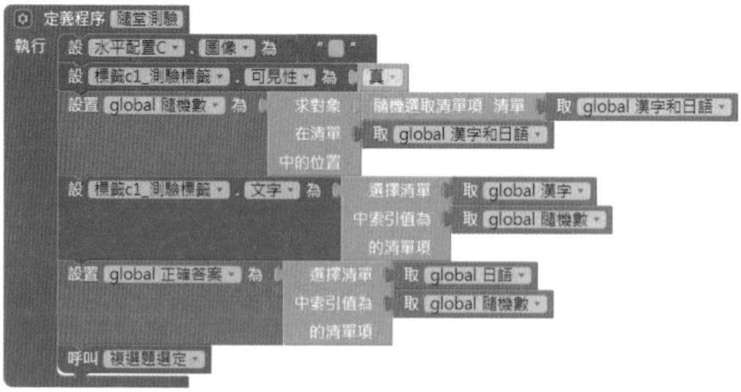

〈圖 7-5-5.2〉：設計隨機選取清單中的一個漢字單字作為「題目」

　　在〈圖 7-5-5.2〉的程序方塊中，最下方有個「呼叫 複選題選定」程序，接下來我們就要設計這個程序方塊。首先設定「呼叫 複選盒清單」程序，

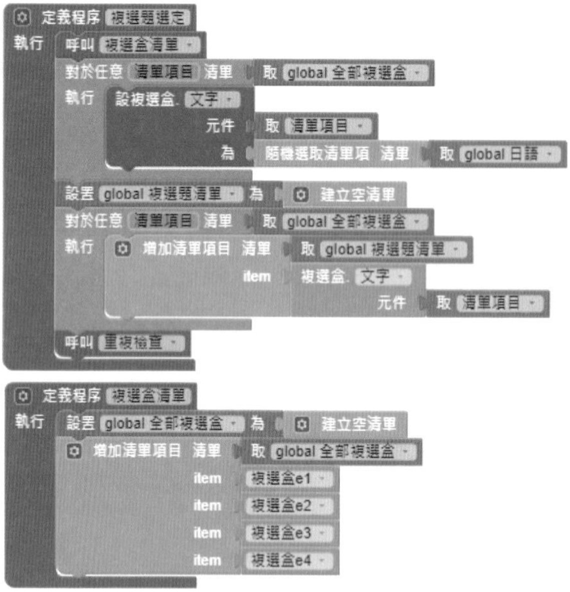

〈圖 7-5-5.3〉：設定「複選題選定」程序、「複選盒清單」程序

「複選盒清單」程序的設定為將畫面編排裡「複選盒 e1」到「複選盒 e4」共四個複選盒都加到「全部複選盒」清單中，也就是表示複選盒中會有四個選項。接著設定隨機從「日語」清單取出項目，作為這四個複選盒（選項）的顯示文字，同時把四個顯示文字設定到「複選題清單」的變數中〈圖 7-5-5.3〉。

　　這裡還用到了「任意元件」〈圖 7-5-5.4〉（任意複選盒）搭配「對於任意 清單項目 清單 執行…」方塊。以本專案而言，原本直接的做法是分別設定四個複選盒的顯示文字、再分別把文字設定為清單，不過在一開始先以四

個複選盒的名稱設定為清單，再將「任意元件」和「任意清單項目」兩個元件適當組合，達到統一設定同一類別操作元件的效果。

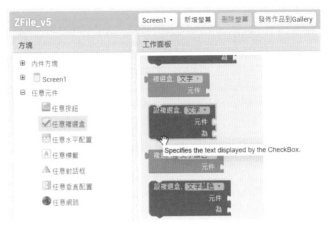

〈圖 7-5-5.4〉：使用「任意元件」應用於有「隨機選項」的狀況

在「複選題選定」程序的最後，是進行「重複檢查」程序〈圖 7-5-5.5〉。

由於是從日語清單中隨機選取四項，有可能會出現重複的情形，比如一組候選答案中出現兩個（以上）相同的日語單字、或者隨機選取的日語單字中並沒有正確答案。為了排除這兩種情形，首先依序把每一個候選答案和其他項目比較，每個項目原本代表值是 1，是因為每個項目在清單中都只有一個，所以是 1，當項目相同的話就加 1，因為至少自己會跟自己相同，所以當沒有重複情形時，總和會是 4，有重複的情形，則顯然加起來會大於 4，利用此方法可驗證是否重複。另外，對於「是否包含正確答案」相對較好設定，把這兩個情形結合，如果滿足條件再執行一次「複選題選定」，直到沒有出現異常為止，如此完成「重複檢查」程序。

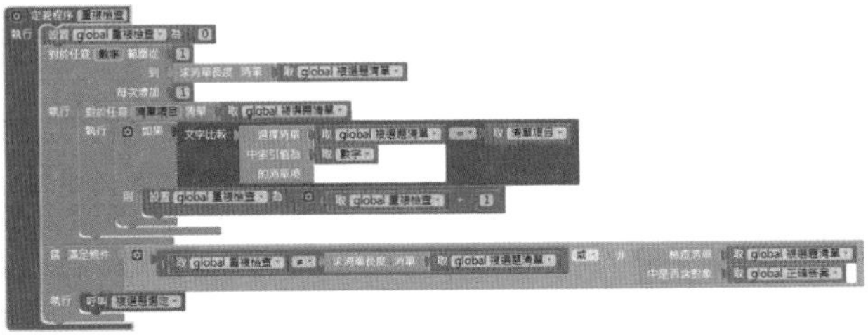

〈圖 7-5-5.5〉：為了避免選項中「沒有出現正確答案」或者「出現重複的選項」，
必須經由「重複檢查」程序來驗證

257

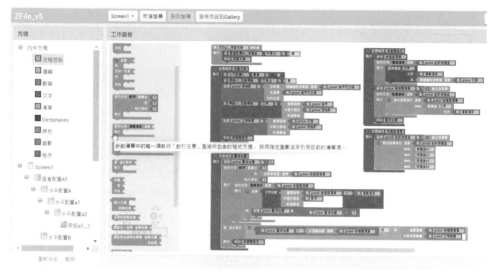

〈圖 7-5-5.6〉：目前為止針對「隨堂測驗」功能所設計的方塊集

　　終於，來到最後的程式設計〈圖 7-5-5.7〉，設定「操作者選定答案」的事件，亦即當任何一個複選盒的狀態被改變的時候，在此仍然是使用到「任意元件」的功能，因為希望一起設定所有的複選盒。先比較所選文字是否等於正確答案，若是不等於，則對話框會顯示「可惜答錯了⋯」，否則就是「恭喜答對了！」。最後設定當對話框事件完成，此時會保持有複選盒被選擇的狀態，所以必須再設定把所有複選盒回復成都沒有被勾選、啟用可供被選擇的狀態，準備進行下一題。

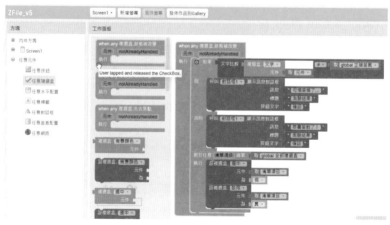

〈圖 7-5-5.7〉：設定「操作者選定答案」的事件

## 驗證執行

最後進行手機下載 APP 安裝測試。確認當按下「隨機學習」或「隨堂測驗」時，畫面便會改變版面配置，並且每次隨堂測驗出現的四個候選答案不會重複，也不會出現相同的選項〈圖 7-5-6〉。

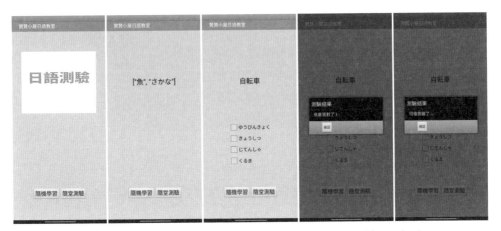

〈圖 7-5-6〉：手機測試完成！此次專案 APP 和上一小節「音樂播放器」相同，
在同一個螢幕畫面上執行所有可能的事件

本小節的「日語單字測驗」專案使用了「事件改變介面配置」、「任意元件統一操作」、「重複選取項目檢查」三個概念，其中「重複檢查」是程式設計普遍需要應用的情況，務必多加練習。

最後補充說明一點，如果是人工操作的場合，我們的直覺通常是「找下一個項目時不重複」即可，具體可能是從籃子裡拿出後就不再放回去的機制。在此次的應用程式設計則是，每次都從全部母體中選出四個，當發現有重複者就再來一次的方式。如此做法適合 App Inventor 所提供的元件功能，同時充分利用了程式可以快速、大量計算的特性。

**Chapter**

**8**

# 利用 Google 表單
# 進行資料處理

▼ **你將學會** ──

- 以操作者自定義顏色作為介面背景
- Excel 取得多欄匯率資料上傳雲端
- 依選擇傳回同一筆資料其他欄位
- 建立操作者輸入有誤的偵錯機制
- 清單選中項索引為零的判斷應用
- 輸入外幣金額匯率換算本幣金額
- 重新計算按鈕快速將輸入欄位清空
- 自訂顏色代碼複製到其他元件使用
- 計時器持續在 APP 顯示日期時間
- 程式設計設定日期時間的顯示格式
- 依所輸入身高體重公式計算 BMI 值
- 多條件 BMI 區間標準回饋評估報告
- 建立 Google 表單設置簡答欄位
- 拆解 Google 表單確認傳送網址
- 了解網址列基本架構和其涵義
- 手機輸入資料上傳到 Google 表單
- Google 表單連結試算表下載為 Excel
- 圖片上傳 Google 雲端硬碟取得連結
- 實際下載雲端圖片確認取得網址
- 手機讀取雲端圖片設定為螢幕背景

# 專案練習 15：外幣匯率換算

Part2 的重點是資料處理，Chapter5 介紹以手機 APP 讀取雲端 txt 檔案，Chapter6 分享透過 Google 試算表取得 Excel 表格資料的方法，Chapter7 則針對電腦內有大量資料檔案時，以建立資料夾檔案清單的方式，讓手機可批次讀取多筆檔案資料。現在來到最後一章，同時也是本書最後一章，要介紹資料處理的反向操作——將在手機輸入的資料上傳至雲端。

在 8-1 這一小節，是以外幣匯率換算 APP 為例，介紹把操作者在手機上所輸入的資料，經由程式設定的規則計算後進一步輸出顯示，算是一個很典型的計算機運作機制。

## 取得雲端資料連接

首先，我們以台灣銀行最新牌告匯率（網址為 https://rate.bot.com.tw/xrt?Lang=zh-TW）作為匯率參考之基準。注意該網頁最下方，提供了「下載文字檔」以及「下載 Excel（CSV）檔」等服務《圖 8-1-1.1》。

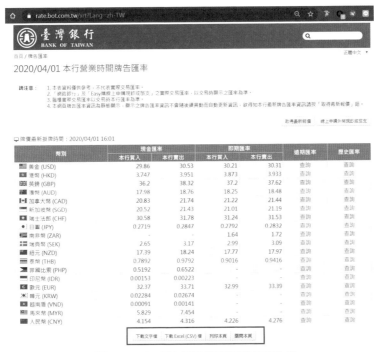

〈圖 8-1-1.1〉：以台灣銀行最新牌告匯率為準

想將網頁提供的匯率資料導入手機 APP，可直接於該網頁下載 Excel（.csv）檔〈圖 8-1-1.2〉，並發布到網路以取得雲端連結〈圖 8-1-1.3〉。或者改以在 Excel 網路爬蟲取得後，再轉為 Google 試算表雲端資料，這部分操作請參考筆者另一著作《人人做得到的網路資料整理術》Chapter4「Excel 牌告匯率」。

| | A | B | C | D | E |
|---|---|---|---|---|---|
| 1 | 幣別 | 現金買入 | 現金賣出 | 即期買入 | 即期賣出 |
| 2 | 美金 (USD) | 29.86 | 30.53 | 30.21 | 30.31 |
| 3 | 港幣 (HKD) | 3.747 | 3.951 | 3.873 | 3.933 |
| 4 | 英鎊 (GBP) | 36.2 | 38.32 | 37.2 | 37.62 |
| 5 | 澳幣 (AUD) | 17.98 | 18.76 | 18.25 | 18.48 |
| 6 | 加拿大幣 (CAD) | 20.83 | 21.74 | 21.22 | 21.44 |
| 7 | 新加坡幣 (SGD) | 20.52 | 21.43 | 21.01 | 21.19 |
| 8 | 瑞士法郎 (CHF) | 30.58 | 31.78 | 31.24 | 31.53 |
| 9 | 日圓 (JPY) | 0.2719 | 0.2847 | 0.2792 | 0.2832 |
| 10 | 南非幣 (ZAR) | - | | 1.64 | 1.72 |
| 11 | 瑞典幣 (SEK) | 2.65 | 3.17 | 2.99 | 3.09 |
| 12 | 紐元 (NZD) | 17.39 | 18.24 | 17.77 | 17.97 |
| 13 | 泰幣 (THB) | 0.7892 | 0.9792 | 0.9016 | 0.9416 |
| 14 | 菲國比索 (PHP) | 0.5192 | 0.6522 | - | |
| 15 | 印尼幣 (IDR) | 0.00153 | 0.00223 | - | |
| 16 | 歐元 (EUR) | 32.37 | 33.71 | 32.99 | 33.39 |
| 17 | 韓元 (KRW) | 0.02284 | 0.02674 | - | |
| 18 | 越南盾 (VND) | 0.00091 | 0.00141 | - | |
| 19 | 馬來幣 (MYR) | 5.829 | 7.454 | - | |
| 20 | 人民幣 (CNY) | 4.154 | 4.316 | 4.226 | 4.276 |

〈圖 8-1-1.2〉：於「台灣銀行最新牌告匯率」下載的 Excel（.csv）檔

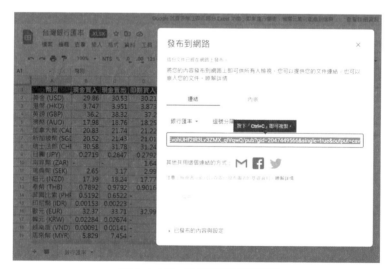

〈圖 8-1-1.3〉：取得資料的雲端連結

接下來我們將設計出以一個螢幕畫面就能完成匯率換算的 APP。

## 畫面編排

由於截圖範圍有限，還請讀者參考本書所附 aia 檔「ZInput_v1」了解整個畫面編排的架構和所有元件，其中，顏色部分特別使用了操作者自定義的顏色代碼「#2d8810ff」，在設計上想要獨樹一格，最快方法是在顏色選用上多作嘗試，只要在 App Inventor 所提供調色盤上點選即可〈圖 8-1-2〉。

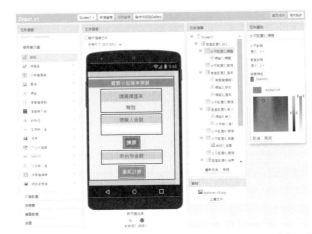

〈圖 8-1-2〉：「Screen1」的畫面編排，適度調整顏色可讓 APP 更美觀、提高辨識度

## 程式設計

首先是設定螢幕化初始事件，並配合原始資料，設定「匯率表」、「幣別」、「現金買入」、「現金賣出」等變數〈圖 8-1-3.1〉，接著大致沿用本書6-3（第 190 ～ 191 頁）所介紹的程式結構，在讀取網路雲端檔案後，再分欄寫入資料作為變數清單〈圖 8-1-3.2〉。最後，將「幣別」變數清單設定為清單選擇器的元素〈圖 8-1-3.3〉，預計可以提供操作者選擇不同幣別。

〈圖 8-1-3.1〉：設定「螢幕初始化」及「變數」

263

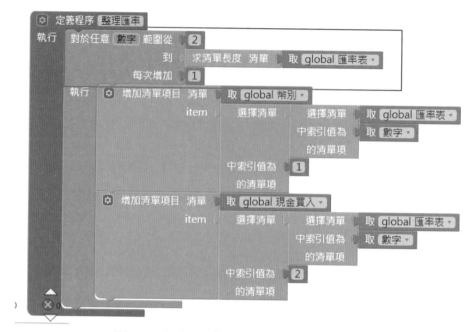

〈圖 8-1-3.2〉：沿用本書 6-3 所學，分欄寫入資料作為變數清單

〈圖 8-1-3.3〉：讓使用者可以選擇不同幣別的設計

　　讀者可能會好奇，為什麼在〈圖 8-1-3.2〉紅框處是從「2」開始迴圈增加清單項目呢？我們從參考的原始資料〈圖 8-1-1.2〉可以看到第一行（橫向的）為「標題欄」，如此設計就可以排除不需要的資訊。

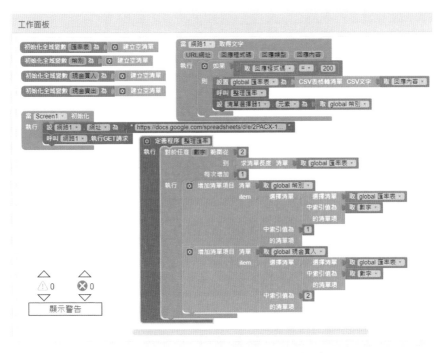

〈圖 8-1-3.4〉：目前為止完成的程式設計如上

　　接著設計「當操作者選擇完幣別」，將以選中項作為標籤 3 顯示文字（可先參看〈圖 8-1-4〉完成畫面），接著確定此選中項在「幣別」清單中的位置，依照相同位置索引值取得「現金買入」清單中相對應項目，這是因為從同一份報表分欄位取得資料時，每一筆資料在各欄位清單仍會是相同位置〈圖 8-1-3.5〉。例如參考〈圖 8-1-1.2〉，以第三行的「港幣（HKD）」、現金買入「3.747」、現金賣出「3.951」，這三個項目為同一筆資料，在各自的變數清單中都會是相同索引值，都是 3。

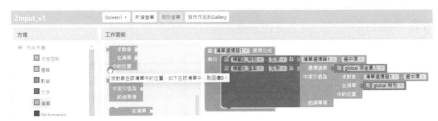

〈圖 8-1-3.5〉：在 EXCEL 檔案中，同一橫排資料位置的索引值相同，可利用這一點處理「幣別」和「匯率」的對應關係

接下來，設定「換算」和「重新計算」（重算）按鈕的執行機制。

首先是「換算」按鈕，其設計稍微複雜，計算方式是「匯率乘以金額」，如果操作者沒有選擇匯率或者沒輸入金額，程式運作就會出現問題，無法依指示執行計算。通常程式設計遇到這種情況，最佳作法為偵錯機制，在此則是設定一個條件事件：「如果選中項索引為0」或者「輸入文字為空白」，表示「操作者還沒有選擇匯率」或者「沒有輸入金額」，就會跳出警告訊息〈圖 8-1-3.6〉。

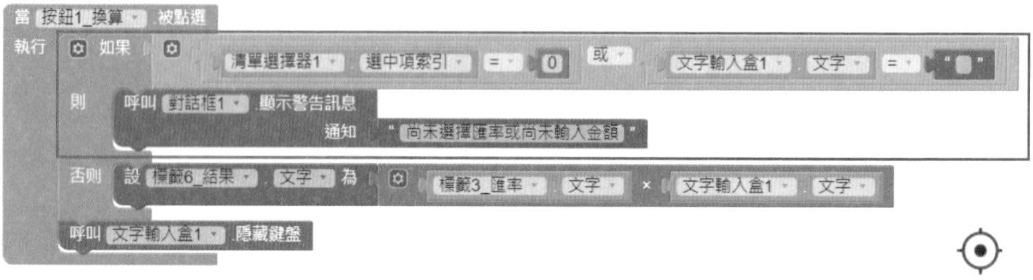

〈圖 8-1-3.6〉：設計一個偵錯機制，當操作者沒有選擇匯率或未輸入金額時，程式會跳出警告訊息

「重新計算」按鈕則相對簡單，就是將文字輸入盒和計算結果清零。條件之一為選中項索引為0，如〈圖 8-1-3.7〉所示說明：「If no item is selected, the value will be 0.」沒有任何項目被選取時，值為0。

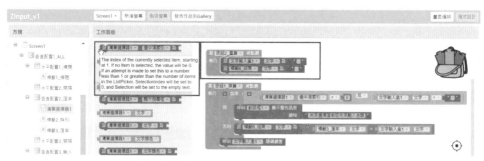

〈圖 8-1-3.7〉：當「重新計算」按鈕被按下，會清空文字輸入盒和金額計算結果

## ▌驗證執行

現在打包為 apk 檔安裝至手機測試，確認初始畫面、幣別選單、偵錯機制、選擇匯率輸入金額、換算、重新計算等，測試過都沒有問題〈圖 8-1-4〉。

〈圖 8-1-4〉：左起分別為「初始畫面」、「幣別選單」、「偵錯機制」、「金額換算」，以手機測試確認每一個環節都能正常運作

　　本節專案練習是設計一個「匯率換算 APP」，從臺灣銀行網頁的原始資料來看，其實會有「現金買入、賣出」和「即期買入、賣出」四種換算型態，在此簡化只考慮其中較為普遍的「現金買入」一種。因為這一小節的重點是「輸入、計算、輸出」的設計流程，沒有將程式複雜化。不過先前章節幾次分享多螢幕切換或者單一螢幕介面切換的範例，如果再把相關元件加上條件設定，也能實現四種形態的換算程式，讀者可以進一步嘗試看看。

## 8-2 專案練習 16：身體 BMI 指數評估

搭配專案檔：ZInput_v2

上一節介紹 App Inventor 將輸入資料進行數學計算再輸出，達到計算機基本的輸入輸出功能。本節進一步以身體 BMI 指數為例，設計程式在計算過程中加入條件判斷，使 APP 的功能更加完整。

〈圖 8-2-1〉：本節參考資料來自衛福部國民健康署網站的「BMI 身體質量指數」資訊

### 取得雲端資料連結

本節以衛福部國民健康署網站所公佈的 BMI 指數資訊（https://www.hpa.gov.tw/Pages/Detail.aspx?nodeid=542&pid=705），來進一步設計手機程式，並且同樣預計以一個畫面完備所有功能。

### 畫面編排

基本上沿用上一節專案「外幣匯率換算」，在「按鈕 2_ 重算（重新計算）」使用和標題相同的自定義綠色，操作方法是將顏色代碼複製貼上即可〈圖 8-2-2.1〉。注意到增加了一個「計時器 1」元件，其元件屬性保持原有的預設情況，其中「持續計時」一項為勾選狀態〈圖 8-2-2.2〉。

〈圖 8-2-2.1〉：利用自定義色彩來設計 APP 外觀

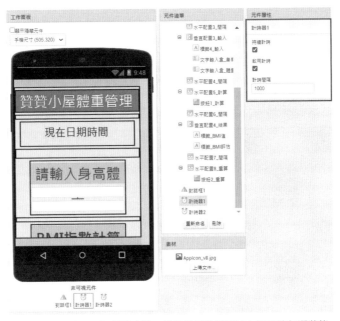

〈圖 8-2-2.2〉：兩個「計時器」的元件屬性都維持在預設的勾選狀態

## 程式設計

配合上個步驟計時器元件屬性中的「持續計時」功能，程式設計為：「當計時器 1 計時」執行時，將標籤文字設定為當下時間，也就是開啟 APP 之後，這個標籤會像個電子時鐘般，持續顯示當下的日期時間。

另外，仔細看會發現，在上述我們已經組合好的方塊中，pattern 格式和左邊方塊的預設格式有些不同，其實這個日期時間顯示格式還可以有更多變化。App Inventor 在設計程式遇到像這樣的狀況，不妨在方塊上點按滑鼠右鍵，再按下「求助」〈圖 8-2-2.3〉就會跳到相關說明頁面。

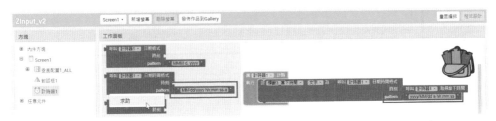

〈圖 8-2-2.3〉：在方塊上點按滑鼠右鍵，再點選「求助」可獲得更多方塊的相關說明

　　點選「求助」後會跳出一個視窗，下滑後可以找到 App Inventor 有關 Clock（計時器）元件的顯示格式說明〈圖 8-2-3.1〉，點擊 please see「here」連結的 oracle java 網頁，更提供豐富完整的文件（https://docs.oracle.com/javase/7/docs/api/java/text/SimpleDateFormat.html），可見程式語言雖然各自獨立，為了相容方便起見，也會有很多共通標準，在 Chapter6 第 213 頁提到的「UTF-8」和這裡的「Date and Time Patterns」〈圖 8-2-3.2〉便是很好的例子。

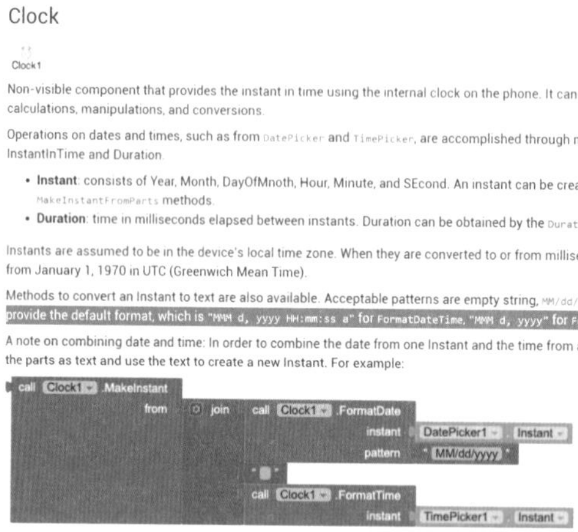

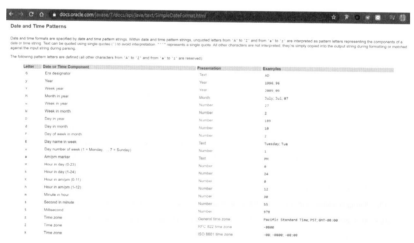

〈圖 8-2-3.1〉：關於 Clock（計時器）元件的顯示格式說明

〈圖 8-2-3.2〉：以「Date and Time Patterns」為例，可見程式語言為了相容方便，會有很多共通標準

接著設計「按鈕 1_計算」程式。

沿用與上一節結構相近的偵錯機制對話框〈圖 8-1-3.6〉（第 266 頁），輸入文字內容沒有問題時，則根據所輸入的身高體重、依公式計算 BMI 值，輸入完則隱藏鍵盤〈圖 8-2-4.1〉。其中有個「BMI 值評估」程序，其作用留待下個步驟說明。

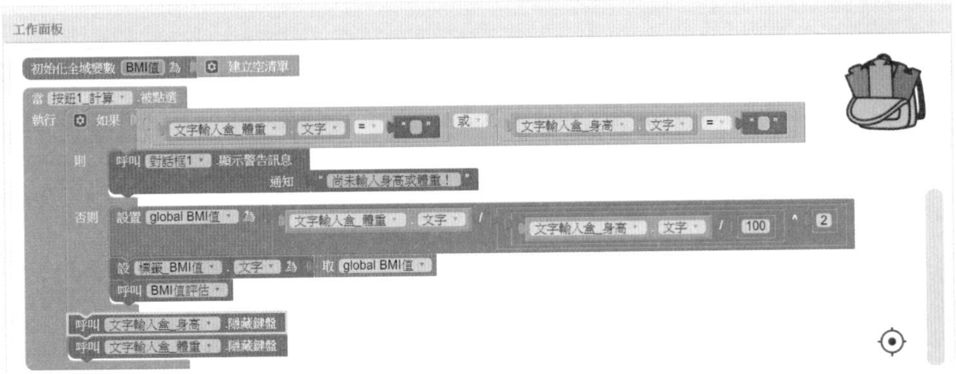

〈圖 8-2-4.1〉：「按鈕 1_計算」程式同樣需要一個輸入文字的「偵錯機制」，並在輸入完隱藏鍵盤

我們預計當畫面中的 BMI 指數出現時，下方會一併顯示衛生福利部國民健康署網站對於該 BMI 指數的建議，也就必須進行「BMI 值評估」程序的設計，針對各個不同的 BMI 指數區間設定條件〈圖 8-2-4.2〉。接著設計「重新計算」（重算）按鈕〈圖 8-2-4.3〉，當被點選時，會將「體重輸入欄位」和「BMI 值」標籤清空，因為成人的身高通常不會改變，這裡特地不去清空。

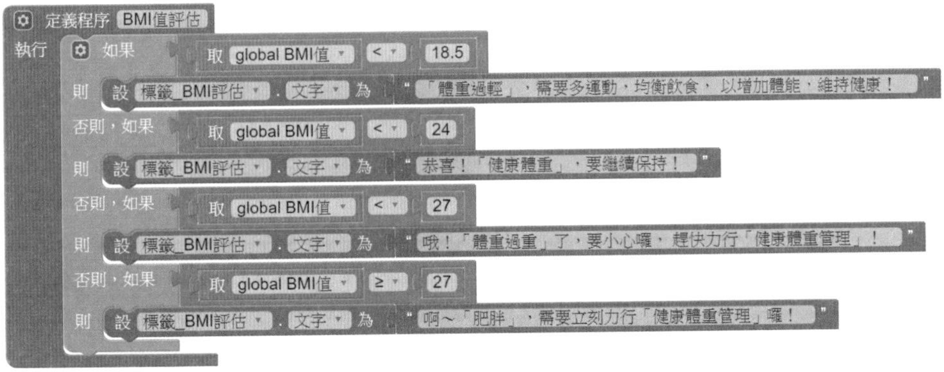

〈圖 8-2-4.2〉：「BMI 值評估」程序的設計，為各個不同的 BMI 指數區間設定不同的文字訊息

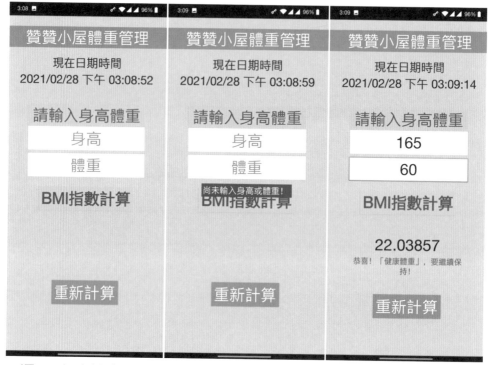

〈圖 8-2-4.3〉：成人的身高通常不會改變，因此只有清空體重和 BMI 值

## 驗證執行

最後來到手機測試，確認沒有問題〈圖 8-2-5〉。

〈圖 8-2-5〉：由左至右分別是「初始畫面」、「偵錯訊息畫面」、「顯示 BMI 指數及健康建議畫面」

接連兩個小節都設計手機輸入的範例，讀者應該熟悉這方面的應用了，兩相比較，前一小節的「匯率換算」屬於一次性操作，每次都是重新計算，不過像「體重計算 BMI 值」這類應用，使用者往往會希望將每次的計算記錄起來，進而將手機內的資料移轉到其他地方活用，接下來在 8-3 將介紹如何將資料自手機 APP 匯出至 Google 雲端。

# 8-3 建立 Google 表單

上一節已經設計出輸入身高、體重可得知 BMI 數值的 APP，雖然程式可以幫忙計算 BMI，但由於體重是需要持續管理、長期觀察的，最好能把每一次的紀錄保留起來。接下來要教給大家的是，如何反向將手機所輸入資料傳到 Google 雲端。這部份會利用 Google 表單工具，本節先說明 Google 表單的操作流程。

首先，於 Google 雲端硬碟中建立一個「App Inventor」資料夾，點進該資料夾裡面，在空白處按下滑鼠右鍵，在快捷選單中點選「Google 表單」〈圖8-3-1〉。

〈圖 8-3-1〉：在 Google 雲端硬碟中按下滑鼠右鍵，點選「Google 表單」

接下來，瀏覽器會自動新增一個空白的「未命名表單 -Google 表單」分頁，預設有一個待填欄位，類型為「選擇題」，點選此方塊，準備更改類型〈圖 8-3-2〉為「簡答」。

〈圖 8-3-2〉：點選右側方塊，更改類型為「簡答」

　　於彈出的選單中點選「簡答」後，更改表單標題為「贊贊小屋體重管理」，同時也設定問題欄位為「體重紀錄」，這些都是在方塊上點選就可以直接編輯的〈圖 8-3-3〉。

〈圖 8-3-3〉：於彈出的選單中點選「簡答」，並更改表單標題與題目文字

　　接著將表單由「問題」切換到「回覆」頁籤，由於表單剛建立，因此可以看到頁面顯示為「0 則回應」。接著點選右上角三個點的圖標，在出現的下拉選單中點選「取得預先填入的連結」。

〈圖 8-3-4〉：在「回覆」表單中點開下拉式選單，點選「取得預先填入的連結」

　　接著會跳出一個名為「贊贊小屋體重管理」的表單，其網址為：「https://docs.google.com/forms/d/1tEwn5tRquzR1fqAfooG2XvCt5znQtzinA7DBZa3EvfM/prefill」，於頁面中填入 59（現在體重），然後按下「取得連結」，頁面下方會跳出一行說明文字：「共用這個連結即可加入預先填妥的回應內容」，現在按下「複製連結」〈圖 8-3-5〉。該行說明文字的意思是在填寫線上表單時，會有預設值欄位，此欄位即使沒填，系統會自動帶入預設值。這裡要利用 Google 表單所提供的這個特性，瞭解它是如何傳送使用者所輸入的資料。

〈圖 8-3-5〉：利用 Google 表單「系統會自動帶入預設值」的特性，目前先取得連結

　　開啟點選「複製連結」後取得的網址：「https://docs.google.com/forms/
d/e/1FAIpQLSce0Orrxerh3yV2OnvOm0V5Tkk0FLdDV7q3FhNXGzQjO4Y6aw/
viewform?entry.13311163=59」，這個連結開啟的頁面，便是請別人填寫線上
Google 表單的介面，會出現預設值「59」（依剛剛填入的數字而定），填寫
者可以保留或加以修改，此時若按下「提交」，則表示填寫者已填好並確認
傳送回應。

　　在這一節有個重點，是了解網址列的基本架構和內容涵義，注意到網
址後面結尾是「?entry.13311163=59」〈圖 8-3-6〉，在 HTML 網頁規則裡，
「?」一般是表示瀏覽者要傳送某些欄位資料給網站主機伺服器，欄位識別碼
則是「entry.13311163」，而瀏覽者填入值為「59」。讀者如果對於 HTML 不
太熟悉，其實只要以經常使用的 Google 或奇摩關鍵字搜尋，應該比較能理
解，兩者是類似機制。以比例而言，「59」便是所輸入的關鍵字，只不過作
用並非利用網站幫我搜尋，而是要傳送為 Google 表單欄位的內容。

〈圖 8-3-6〉：網址看似是亂碼，其實蘊藏著「欄位識別碼」等重要資訊

以前述為基礎，可以拆解表單網址：「https://docs.google.com/forms/d/e/1FAIpQLSce0Orrxerh3yV2OnvOm0V5Tkk0FLdDV7q3FhNXGzQjO4Y6aw/viewform?entry.13311163=59」 為「https://docs.google.com/forms/d/e/」+「 表單識別碼」+「/viewform?entry.13311163=59」，因為 Google 主機要處理的表單非常多，每一表單都會給予特定識別碼（即表單編號）避免混淆。

在上個步驟按下「提交」後，網址變成「https://docs.google.com/forms/u/0/d/e/1FAIpQLSce0Orrxerh3yV2OnvOm0V5Tkk0FLdDV7q3FhNXGzQjO4Y6aw/formResponse」，Google 表單顯示文字「我們已經收到您回覆的表單。」注意到這頁網址中間仍然是表單編號「1FAIpQLSce0Orrxerh3yV2OnvOm0V5Tkk0FLdDV7q3FhNXGzQjO4Y6aw」，網址最後方則變成「formResponse」，表示是表單回應中心〈圖 8-3-7〉。

〈圖 8-3-7〉：網址後方從「viewform?entry.13311163=59」變成「formResponse」

現在我們再回到 Google 表單主介面中的「回覆」頁籤，會發現多了一則回應，體重紀錄正是「59」（數字依剛剛鍵入的體重而定）。這裡仍然留意網址為「https://docs.google.com/forms/d/1tEwn5tRquzR1fqAfooG2XvCt5znQtzinA7DBZa3EvfM/edit#responses」，中間那一段亂碼同樣是表單編號，末尾則是「edit#responses」〈圖 8-3-8〉，表示這裡是表單設計及回應中心，上個步驟則是回應表單，因此兩者表單編號不同。

〈圖 8-3-8〉：網址尾端代表同一網站主機伺服器的不同網頁

　　本節的操作流程很簡單直覺，這是 Google 產品的特色之一，而 Google 另一個強項是線上共享，例如 App Inventor 就是直接在瀏覽器線上設計程式。Google 表單的原始概念是大家都可以填寫表單，將欄位資料回傳到發起人的 Google 雲端空間。這裡便是要善用此特性將手機 APP 所輸入資料傳送到開發者雲端，既然是透過網路傳送，網址當然就是管道名稱，因此這一節的步驟中會特別提到網址的結構，下一節便要將此網址加入 APP 的設計中。

搭配專案檔：ZInput_v4

## 8-4 專案練習 17：體重管理日記

在開發應用程式時往往會遇到資料貯存需求越來越大的問題，究竟所輸入的種種資料該如何保存呢？通常的做法是外掛一個專門的資料庫軟體。以大眾較熟知的部落格軟體 WordPress 為例，每一篇網頁文章是配合專門的 SQL 儲存（即「外掛一個專門的資料庫軟體」）。App Inventor 原始設計理念比較陽春一點，資料庫處理也相對簡單，不過麻雀雖小具體而微，已足夠設計一個完整的手機應用程式了。這一節便是設計出一個 APP，能將一筆筆體重紀錄傳送到 Google 雲端空間，成為一個獨立的資料檔案。

### 畫面編排

首先，我們沿用 8-2 專案「身體 BMI 指數評估」的畫面編排架構。

本節因為會使用網路傳送資料，所以在 8-2 的架構下，必須再加上一個「網路 1」元件，另外也多了一個「體重紀錄」按鈕，此按鈕的功能即是上傳資料〈圖 8-4-1〉。

〈圖 8-4-1〉：延用 8-2 專案的畫面架構，並新增「體重紀錄」按鈕、「網路 1」元件

## 程式設計

　　程式設計同樣沿用 8-2 範例，不過配合新增了「體重紀錄」按鈕，相對增加一個「按鈕 3_紀錄」被點選的程序，運用第 266 頁所學到的「偵錯機制」方式，確認操作者已經輸入資料，配合 Google 表單的網址結構與體重紀錄進行文字合併，執行 GET 請求後將資料上傳，對方接收成功即改變「標籤_BMI 評估」的文字內容〈圖 8-4-2.1〉。

〈圖 8-4-2.1〉：「體重紀錄」按鈕的程式設計

　　注 意 到 這 裡 的 網 址 是「https://docs.google.com/forms/d/e/1FAIpQLSce0Orrxerh3yV2OnvOm0V5Tkk0FLdDV7q3FhNXGzQjO4Y6aw/formResponse?entry.13311163=」〈圖 8-4-2.2〉，對照本章上一節〈圖 8-3-6〉：「https://docs.google.com/forms/d/e/1FAIpQLSce0Orrxerh3yV2OnvOm0V5Tkk0FLdDV7q3FhNXGzQjO4Y6aw/viewform?entry.13311163=59」， 除 了 將「59」（體重）去掉，由使用者所輸入體重替代，同時將「viewform」改為「formResponse」，表示發送此網址的目的是傳送回應資料。

〈圖 8-4-2.2〉：網址中的「formResponse」，表示發送此網址的目的是傳送回應資料

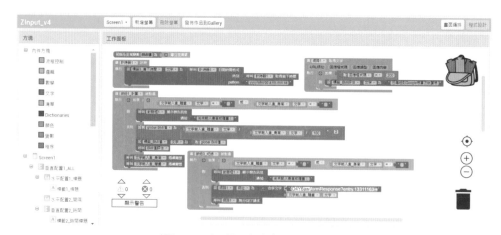

〈圖 8-4-2.3〉：這一節專案的完整程式設計

## 驗證執行

最後進入手機實際測試，當操作者只輸入身高、未輸入體重，按下「體重紀錄」時，會顯示警告訊息：「尚未輸入身高或體重！」；輸入正確、按下「體重紀錄」，則會在 BMI 值下方顯示「已傳送到 Google 表單及試算表」字樣〈圖 8-4-3〉。

〈圖 8-4-3〉：左側畫面為輸入資料不足的畫面；右側為成功輸入、按下「體重紀錄」後的畫面，測試 OK

包含剛剛手機測試時輸入的資料，我們再次回到 Google 表單，果然多了一筆「58」的紀錄，正是由手機 APP 所傳送的資料。仔細看右上角有個綠色表格的圖標「建立試算表」，點按一下〈圖 8-4-4.1〉。

〈圖 8-4-4.1〉：點按右上方的綠色表格圖示以新增一個試算表

在跳出的視窗保留預設的「建立新試算表」，並在左下方按下「建立」〈圖 8-4-4.2〉。

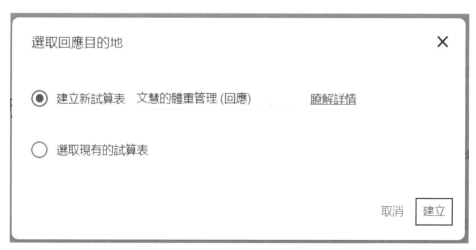

〈圖 8-4-4.2〉：保留預設選項，接著點選左下方的「建立」

接著 Google 會自動建立並跳出一個和該表單連結的試算表，包含「時間戳記」和「體重紀錄」兩個欄位。其中「時間戳記」是 Google 收到資料時的時間紀錄，「體重紀錄」則有兩筆，一筆是剛開始建立表單測試所留下的，一筆則是手機 APP 測試時所上傳的〈圖 8-4-4.3〉。

〈圖 8-4-4.3〉：Google 會自動建立並跳出一個和該表單連結的試算表

接著我們將 Google 試算表上方工具列的「檔案」下拉，選擇「下載」中的「Microsoft Excel (.xlsx)」，準備將這份資料轉成電腦的 Excel 檔案〈圖 8-4-4.4〉。

〈圖 8-4-4.4〉：點選「下載」中的「Microsoft Excel (.xlsx)」，轉為電腦裡的 Excel 檔案

下載後開啟該檔案，只要點按「啟用編輯」，便是一般的 Excel 資料了
〈圖 8-4-4.5〉。

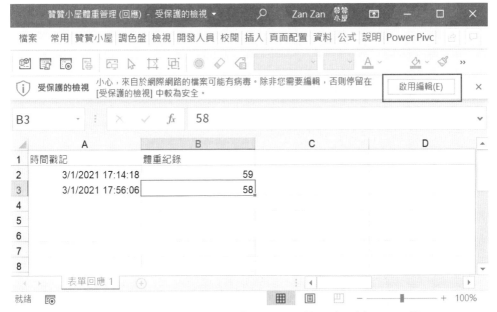

〈圖 8-4-4.5〉：開啟剛剛下載好的「贊贊小屋體重管理（回應）」Excel 檔

　　這節範例相對簡單，只有一個欄位（體重紀錄），不過程式設計都是第
一步較麻煩，但第一步建立完成後，要再陸續增加便很容易。讀者如果有多
欄位資料傳送的需求，例如餐廳的餐後問卷調查，可以參考上一節和這一
節的流程，新建多個問題的 Google 表單，分析結構，再設計相對應的 App
Inventor 程式即可。

## 8-5 手機顯示雲端圖片

搭配專案檔：ZInput_v5

本書 Part2 至此，已經介紹了 txt 文字檔案透過 Dropbox 雲端、Excel 資料檔案透過 Google 試算表為手機 APP 讀取使用，另外也介紹了手機 APP 輸入資料透過 Google 表單上傳到 Google 試算表、再下載為普通的 Excel 檔案。在全書最後這一節，再補充一項可能經常需要的雲端應用——手機透過 Google 雲端硬碟顯示圖片。

首先，將圖片上傳到 Google 雲端硬碟後，點選該圖片，再點選上方工具列的「取得連結」〈圖 8-5-1.1〉。

〈圖 8-5-1.1〉：點選「取得連結」

在跳出的視窗中，將連結型態設定為「知道連結的使用者」後，點按「複製連結」〈圖 8-5-1.2〉。

〈圖 8-5-1.2〉：點選原本預設為「限制」的地方，改為選擇「知道連結的使用者」

以瀏覽器開啟上個步驟所複製的連結，注意到原始網址為「https://drive.google.com/file/d/1d44e8L239-aLQXJu8l9DuYGaOzxrSHHz/view?usp=sharing」，不過這裡並不是要在瀏覽器觀看（view），而是希望讓手機 APP 讀取使用，因此，點按右上角的「下載」符號並快速複製該視窗瀏覽器網址：「https://drive.google.com/u/0/uc?id=1d44e8L239-aLQXJu8l9DuYGaOzxrSHHz&export=download」，可想見這便是 Google 主機傳送圖片過來的連結網址名稱，稍後會將它應用到手機 APP 程式設計裡〈圖 8-5-1.3〉。

〈圖 8-5-1.3〉：點按右上方的「下載」，並立刻快速複製跳出的視窗網址

## 畫面編排

接著我們以 5-6 的「電子書（基礎）」來示範，以 App Inventor 開啟「ZNote_v5」專案，或直接開啟專案檔「ZInput_v5」。原來的「Screen1」元件中的「背景圖片」是直接使用上傳到 APP 的圖片，在此先改為「無」，表示不在「畫面編排」這裡預設圖片〈圖 8-5-2〉。

〈圖 8-5-2〉：將原本的 Screen1 背景圖片從「TheHeartSutra.jpg」改為「無」

## ▍程式設計

　　設定當螢幕初始化時，新增設定「Screen1」背景圖片為在〈圖 8-5-1.3〉步驟所取得的圖片連結〈圖 8-5-3〉。

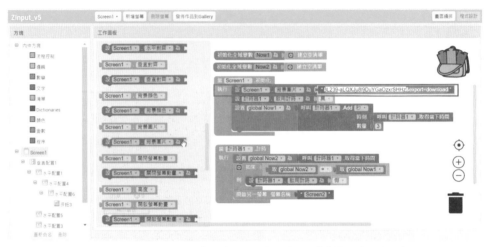

〈圖 8-5-3〉：在原有的螢幕初始化設定中新增一項「背景圖片」的設定

## ▍驗證執行

　　手機實際測試，果然手機 APP 也能取得並顯示 Google 雲端硬碟上的圖片〈圖 8-5-4〉。

〈圖 8-5-4〉：測試，成功！

最後整理本書 Part2 所運用到的雲端空間如下〈表 8-5-5〉：

| 資料型態 | 雲端空間 | 操作方法 | 連結來源說明 |
|---|---|---|---|
| txt文字檔 | DROPBOX | 將「dl=0」改為「raw=1」 | 官方網頁文件 |
| Excel表格檔 | Google試算表 | 以csv發布到網路 | 產品提供工具 |
| 手機輸入資料 | Google表單 | 將「viewform」改為「formResponse」 | 拆解各流程網址 |
| 圖片檔案 | Google雲端硬碟 | 將「view?usp=sharing」改為「&export=download」 | 下載時複製網址 |

〈表 8-5-5〉：讀者在本書 Part2 可以學會的手機 APP 結合雲端空間應用如上

　　本書分成兩大單元，第一單元是 App Inventor 基本操作，第二單元是雲端資料處理，第二單元又分成兩大區塊，一大區塊是手機讀取雲端資料，另一大區塊就是反過來將手機輸入資料上傳到雲端。

　　在資料取得和上傳資料時，本書的起點和終點都是以 Excel 為主，由於 Excel 是工作上最實用的電腦軟體，只要能夠將資料匯入到 Excel，就可以有效進行資料處理，更可以生成統計報表和視覺化圖表，筆者已出版五本 Excel 相關著作，本書特色之一便是將手機程式設計和 Excel 結合，因此會特別著重於 Excel 工具。各位讀者有興趣可再參考筆者的部落格、臉書專頁、YouTube 頻道等，作為本書的延伸補充，祝福各位能在 APP 與 Excel 的世界中快樂遨遊。

# 台灣廣廈 國際出版集團
Taiwan Mansion International Group

國家圖書館出版品預行編目（CIP）資料

人人都學得會的App Inventor 2初學入門【附APP專案範例檔】：
17個專案實戰演練，從娛樂學習到生活應用，自學APP設計一本
搞定！/贊贊小屋作. -- 初版. -- 新北市：財經傳訊，2021.07
　　面；　公分
ISBN 978-986-130-479-3（平裝）
1.系統程式　2.電腦程式設計

312.52　　　　　　　　　　　　　　　　　109020658

**財經傳訊**
TIME & MONEY.

## 人人都學得會的App Inventor 2初學入門【附APP專案範例檔】
### 17個專案實戰演練，從娛樂學習到生活應用，自學APP設計一本搞定！

| | |
|---|---|
| 作　　　者／贊贊小屋 | 編輯中心編輯長／張秀環・企畫編輯／方宗廉 |
| 編　　　輯／彭文慧 | 封面設計／何偉凱・內頁排版／菩薩蠻數位文化有限公司 |
| 文字協力／车榮楷 | 製版・印刷・裝訂／東豪印刷有限公司 |

行企研發中心總監／陳冠蒨　　媒體公關組／陳柔彣
　　　　　　　　　　　　　　綜合業務組／何欣穎

發　行　人／江媛珍
法律顧問／第一國際法律事務所 余淑杏律師・北辰著作權事務所 蕭雄淋律師
出　　　版／財經傳訊
發　　　行／台灣廣廈有聲圖書有限公司
　　　　　　地址：新北市235中和區中山路二段359巷7號2樓
　　　　　　電話：（886）2-2225-5777・傳真：（886）2-2225-8052

代理印務・全球總經銷／知遠文化事業有限公司
　　　　　　地址：新北市222深坑區北深路三段155巷25號5樓
　　　　　　電話：（886）2-2664-8800・傳真：（886）2-2664-8801
郵政劃撥／劃撥帳號：18836722
　　　　　　劃撥戶名：知遠文化事業有限公司（※單次購書金額未滿1000元需另付郵資70元。）

■出版日期：2021年07月
ISBN：978-986-130-479-3　　　版權所有，未經同意不得重製、轉載、翻印。